图 2-2　西湖龙井

图 2-3　都匀毛尖

图 2-4　黄山毛峰

图 2-5　滇青

图 2-6　恩施玉露

图 2-7　正山小种（烟种）

图 2-8　金骏眉

图 2-9　祁门红茶

图 2-10　南川红碎茶

图 2-11　大红袍

图 2-12 铁观音

图 2-13 凤凰单丛

图 2-14 台湾冻顶乌龙

图 2-15 南糯山七子饼茶

图 2-16 茯砖茶

图 2-17　六堡茶

图 2-18　白毫银针

图 2-19　紧压白牡丹

图 2-20　寿眉

图 2-21　君山银针

图 3-1　紫砂陶

图 3-2　建水紫陶

图 3-3　青瓷

图 3-4　白瓷

图 3-5　黑瓷

图 3-6　彩瓷

图 3-7　玻璃茶具

图 3-8　漆器茶具：茶荷（翁姐学堂提供）

图 3-9　金属茶具

图 3-10　竹木茶具

图 3-11　搪瓷茶具

图 3-12　紫砂壶

图 3-13　陶瓷壶

图 3-14　白瓷盖碗

图 3-15　玻璃杯

图 3-16　品茗杯

图 3-17　闻香杯

图 3-18　公道杯

图 3-19　金属茶船

图 3-20　竹制茶船

图 3-21　水盂

图 3-22　煮水器

图 3-23　茶道组

图 3-24　茶荷

图 3-25　茶巾

图 3-26　茶滤

图 3-27　杯托

图 3-28　奉茶盘

图 3-29　茶叶罐

图 4-1　旅行茶具

图 4-2　茶具展示

图 4-3　茶叶展示

图 4-4　温杯洁具

图 4-5　投茶

图 4-6　冲泡

图 4-7　奉茶

图 5-1　茶席插花（翁姐学堂提供）

图 5-2　焚香（翁姐学堂提供）

图 5-3　茶席（翁姐学堂提供）

图 5-4　挂画（翁姐学堂提供）

图 5-6　单通道客机简易茶席位置图

图 5-5　机舱内简易茶席图

图 5-7　单通道客机茶艺表演站位图

图 5-8　标准奉茶图（翁姐学堂提供）

图 7-1　盖碗展示图

图 7-2　机上点茶情景图

图 7-3　"凤凰三点头"演示图

图 7-4　机上奉茶图

高等院校航空服务类教材

民航茶艺服务教程

MINHANG CHAYI FUWU JIAOCHENG

· 主　编　陈　倩　靳　峡

· 副主编　谢媛媛　翁惠璇

重庆大学出版社

图书在版编目（CIP）数据

民航茶艺服务教程 / 陈倩，靳峡主编. —重庆：
重庆大学出版社，2020.5（2024.1重印）
ISBN 978-7-5689-2080-3

Ⅰ.①民… Ⅱ.①陈…②靳… Ⅲ.①民用航空—茶
艺—中国—职业教育—教材 Ⅳ.①TS971.21

中国版本图书馆CIP数据核字（2020）第060072号

民航茶艺服务教程
主 编 陈 倩 靳 峡
策划编辑：唐启秀

责任编辑：唐启秀 版式设计：唐启秀
责任校对：刘志刚 责任印制：张 策

*

重庆大学出版社出版发行
出版人：陈晓阳
社址：重庆市沙坪坝区大学城西路21号
邮编：401331
电话：（023）88617190 88617185（中小学）
传真：（023）88617186 88617166
网址：http://www.cqup.com.cn
邮箱：fxk@cqup.com.cn（营销中心）
全国新华书店经销
重庆愚人科技有限公司印刷

*

开本：787mm×1092mm 1/16 印张：8.75 字数：167千
2020年5月第1版 2024年1月第3次印刷
ISBN 978-7-5689-2080-3 定价：35.00元

本书编委会

顾　问　屠幼英

主　编　陈　倩　靳　峡

副主编　谢媛媛　翁惠璇

参　编（排名不分先后）

　　　　刘雅瑛　李迷迷　罗　婷　蔺　珊　陈明月

　　　　李柯儿　张邱宇　曹弼琅　冉芙蓉　邓　昱

　　　　向娅华　杨　迁　龚子焯　冯雅薇

出版说明

这套教材的开发基于两个大的时代背景：一是职业教育的持续升温；二是民航业的蓬勃发展。

2014 年 6 月 23 至 24 日，全国职业教育工作会议在北京召开，习近平主席就加快职业教育发展作出重要指示。他强调，要牢牢把握服务发展、促进就业的办学方向，坚持产教融合、校企合作，坚持工学结合、知行合一，引导社会各界特别是行业企业积极支持职业教育，努力建设中国特色职业教育体系。这是对职业教育的殷切期望，也为我们的教材编写提出了要求，并坚定了信心。

伴随中国全面建成小康社会，民航业的发展态势非常好，到 2020 年，民航强国将初步成形。到 2030 年，中国将全面建成安全、高效、优质、绿色的现代化民用航空体系，实现从民航大国到民航强国的历史性转变，成为引领世界民航业发展的国家。民航业的发展必然对航空服务类人才产生极大的需求，而从各大航空公司提供的数据来看，航空服务类人才的缺口非常大。

在这样两个大的前提下，我们用半年多的时间充分调研了十多所航空服务类的

 .... **CHUBAN SHUOMING**

高职院校，详细了解了这个专业的教学、教材使用、招生及就业方面的情况；同时，对最近几年出版的相关书籍认真研读，并对其中的优势和不足作了充分的讨论，初步拟订了这套教材的内容和特点；邀请相关专家讨论这个设想，最终形成了教材的编写思路、体例设计等。

本系列教材坚持本土创作和港台地区相关教材译介并行。首批开发的教材有《民航旅客运输》《民航货物运输》《民航服务礼仪》《民航客舱服务》《民航客舱沟通》《民用航空法规》《民航服务英语》《民航地勤服务》《民航茶艺服务教程》《职业形象塑造》《形象塑造实训手册》《值机系统操作基础教程》等。

本套教材具备如下特点：①紧跟时代发展的脉络，对航空服务人员的素质和要求有充分的了解和表达；②对职业教育的特点有深刻领会，并依据《教育部关于职业教育教材建设的若干意见》的精神组织编写；③在全面分析现有航空服务类相关教材的基础上，与多位相关专业一线教师和行业专家进行了充分的交流，教材内容反映了最新的教学实践和最新的行业成果；④本套教材既注重学生专业技能的培养，也注重职业素养的养成；⑤教材突出"实用、好用"的原则，形式活泼、难易适中；⑥教材力求全方位开发，配套数字化产品。

本套教材既能够作为高职航空服务类院校的专业教材使用，也可以作为一般培训机构和用人单位对员工进行培训的参考资料。

序

看到《民航茶艺服务教程》书稿，我很高兴。

2019 年，茶产业服务升级拉动了茶产业的整体发展。其中，民航系统的茶艺服务功不可没。国内外乘客在候机时、飞行中、客房里，得以越来越多地享受到茶的滋润与茶艺服务的温馨，感受到茶文化的无穷魅力，也为作者编著本教程提供了翔实的资料和坚实的基础。

本书的主要作者陈倩和靳峡，在贵州民族大学任教，有一定的理论素养。她们一边教学，一边著书，理论与实践相结合，弥补了民族教育与民航教学的一个空白，令人敬佩，值得祝贺。这也使我联想到都匀毛尖、湄潭翠芽、黄果树瀑布、页岩气、天眼等，贵州真是一个多彩缤纷、人杰地灵的地方！

《民航茶艺服务教程》的编著和出版，赶上了中国崛起、茶业复兴的新时代。衷心祝愿本教程，为提高民航茶艺服务人员综合素质，弘扬中华茶文化，升华一带一路茶元素作出应有的贡献。

是为序。

陆　尧

中国社会科学院工业经济研究所茶产业发展研究中心原主任

CONTENTS

绪　论

第一节 》》》》》》》》
为什么要学习本教程

随着我国民用航空业的迅速崛起，行业规模不断扩大，据民航局官方数据统计，截至 2019 年年底，中国民航国内、国际航线共 5 155 条；机队规模达 3 818 架；全国运输机场达到 238 个（不含港澳台地区）。全国机场旅客吞吐量超过 13 亿人次，旅客吞吐量 1 000 万人次以上的机场达到 39 个，较 2018 年净增 2 个，分别是银川、烟台机场。我国航空运输市场保持较快增长，2019 年旅客吞吐量 100 万人次以上的机场首次突破 100 个，达到 106 个，比 2018 年增加 11 个。从不同量级机场吞吐量增速观察，千万级机场旅客吞吐量平均增速为 4.85%。同时，据统计，2019 年民航全行业营业收入 1.06 万亿元，比 2018 年增长 5.4%；完成运输总周转量 1 292.7 亿吨公里、旅客运输量 6.6 亿人次、货邮运输量 752.6 万吨，同比分别增长 7.1%、7.9%、1.9%。[1] 中国航空客运量位居世界第二位，到 2029 年，预计中国将超过美国成为世界最大航空客运市场，我国民航业正在由民航大国向民航强国发展。

民航业的快速发展对民航服务人才的需求量持续增加，同时对民航服务人才的综合素养、服务水平亦提出更高要求。因此，与民航服务相关专业的学生，除了学习必需的专业服务知识，还需要学习更多符合国家战略目标、迎合市场需求、提升人文修养的我国传统文化知识。《民航茶艺服务教程》即根据这些需求针对未来从事民航服务的学生而编写。

一、弘扬传统文化　树立文化自信

习近平总书记在中国共产党成立 95 周年大会上，创造性拓展和完善了党的十八大提出的中国特色社会主义"三个自信"，补充了"文化自信"，最终形成四个自信。

1　数据来源于民航资源网。

　　坚持文化自信就是要中国全体民众对中华优秀传统文化有历史自豪感。包括民航服务人才培养在内的大学教育过程中，学校及教师责无旁贷地需要给学生灌输中国优秀传统文化思想。茶文化作为中国优秀传统文化的重要组成部分，不仅能提升学生的文化素养、增强学生的爱国热情和民族自豪感，也是学生在日后工作中能运用的载体。通过对中国茶文化的系统了解，不仅能服务好国内的爱茶乘客，而且在对国际友人的服务过程中，也能不卑不亢、自信地传播中国优秀传统文化。

二、丰富知识结构　增强审美情趣

　　茶文化汲取了中国古代哲学、文学、艺术、美学、伦理学等多学科理论，涵盖了历史、绘画、书法、音乐等诸多方面的知识，与中国传统文化中的儒释道思想相融合。以培养民用航空服务人才的空乘专业为例，招收对象是文理兼收。大部分理科生在高中阶段相对弱化了人文科学的知识构建，对茶文化的了解和认知有助于丰富他们的知识结构，弥补人文社科知识的欠缺。

　　茶包含自然属性和社会属性，因此茶之美也体现为物质之美和精神之美。物质之美可让学生直观感知茶的色、香、味、形，从茶千姿百态的外观、各类香型和滋味中获得愉悦感受。精神之美则是品茶的意境之美，通过在幽雅静谧的环境中泡茶品茶，或滋生诗歌、绘画等艺术作品的创作灵感，或从中获得对人生的感悟充盈自己的内心世界。对茶文化的学习，有助于学生在日后工作中以美的心境对待日复一日的工作，以美的姿态服务客人。

三、锻炼服务技能　提升服务品质

　　面对日益发展、竞争激烈的民航业，随着饮茶习惯的逐渐普及，许多航空公司针对不同客户群体从地面要客服务至机上服务，均开始增设茶艺服务项目，以增强其竞争实力。本教程旨在指导学生了解茶的基本理论知识，具备相对专业的服务技能，以便更好地服务商务公务专包机乘客、两舱乘客、VIP客人，以及长距离航线中的经济舱乘客。通过对本教程的学习，不仅有助于增强个人的就业竞争力，也有助于学生在未来的工作领域提升服务品质，实现个性化服务，进而提升航空公司的美誉度。

第二节 》》》》》》》》》》
教程介绍

一、教程的目的与性质

本教程主要为提升民航业服务人才的综合素养、服务品质，丰富其知识结构，增强其文化自信和民族自豪感等而设计。以该教程为基准而设置的相关课程，根据各专业的需要度进行课时设置，可纳入专业选修课范畴。

二、教程的内容体系

本教程主体内容由七章组成：

第一章茶的起源与茶文化发展史，主要介绍茶及茶文化的发展简史，让学生掌握茶在中国和外国的基本发展脉络。

第二章茶的分类，介绍茶的各种分类法，并主要根据茶的发酵程度分类法介绍绿茶、红茶、青茶、黑茶、白茶、黄茶这六大茶类，主要包括六大茶类的品质特征、加工工艺、品种分类和代表名茶等。

第三章茶具的认识，从材质分类的角度介绍了狭义的为大众常用的泡茶和饮茶器具。

第四章茶的冲泡服务，为充分体现一款茶的茶性，介绍了水、器具、茶叶选择的标准，并根据行业所需介绍了民航业尤其是机上的常用茶具，针对民航业的相关服务环节做了有的放矢的介绍。

第五章茶席的设置服务，首先学习茶席的定义，要求同学们了解茶席概念在不同国家和地区的差异，了解茶席设置的常规基本步骤，掌握地面头等舱休息室和机上简易茶席的设置原则。

第六章茶艺服务中不同茶类的健康功效，在全民关注健康的大背景下，为提升学生日后服务技能，确保服务品质，着重阐述茶与人体健康的关系，要求学生在学习茶对人体健康共性特征外，着重掌握不同茶类的个性特征，以便更好地满足不同乘客的需求。

第七章民航常用茶艺服务英语，针对民航业服务人员在服务外国乘客时所需的语言沟通部分，进行与茶有关的部分专用词汇介绍，以进一步提升服务质量。

作者大致分工如下：绪论、第一章、第五章、第六章、第七章由陈倩编写，第二章、第三章、第四章由靳峡、陈倩编写。图片由谢媛媛、向娅华和冉芙蓉拍摄。视频由翁惠璇、邓昱拍摄。

三、教程的主要特色

（1）主要撰写者不仅是高级茶艺师，同时也是活跃在空乘专业教学一线的专业教师，他们根据多年的教学经验以及学生就业后反馈的信息将两者有针对性地融合在一起。摄影师谢媛媛同时也是空乘专业一线礼仪教师，对茶艺服务时需要的仪态美有建设性指导作用。

（2）受行业的多重帮助。首先，本书的成稿受到南航、重航、厦航、川航、藏航、东海等航空公司一线乘务长、乘务员及地面要客服务工作人员的鼎力支持；其次，要感谢活跃在一线的茶叶制造商、销售商及茶文化培训机构人员的帮助，使教程得以如期竣工。

（3）与已有的各种茶艺服务教材相比，除有放之四海而皆准的理论知识外，最大特色就是有极强的关于民航服务的针对性，在编者有限的搜索范围内这应是对茶文化相关教程的一大创新。

由于作者视野和水平有限，教程难免存在问题，还望业内专家多批评指正！

第一章

茶的起源与茶文化发展史

第一节 》》》》》》》》》

茶的起源

一、茶树的起源

茶起源于中国，中国是最早发现和利用茶树的国家。虽在唐代陆羽所著《茶经》中开篇即言"茶者，南方之嘉木也，一尺、二尺乃至数十尺"[1]，但因缺乏茶树被发现与利用的相关史料记载，也缺乏大规模茶树化石考证，有关茶树起源时间、地点的研究难度较大。[2]植物学家们并没有因此放弃研究，他们根据植物分类学方法来追根溯源，经一系列分析研究，认为中国西南地区是茶树的起源中心。

茶起源于中国，自古以来为世界公认，但在19世纪初关于茶的原产地说法发生了分歧。起因是1824年，驻印度的英国少校勃鲁士在印度阿萨姆邦沙地耶的山区发现野生茶树后，对中国为茶树发源地说提出质疑，随后掀起了一场有关茶树原产地的百年争论。国外学者中的质疑者以印度野生茶树为依据，认为中国没有野生茶树，但大多数学者通过对茶树的分布、变异、亲缘、细胞遗传等作了大量研究后，均认为中国才是茶树的原产地。

中国本土学者为正名作出巨大贡献，不仅发现了大量野生茶树及古茶园，还通过科学研究得出了符合历史认知的结论。如在茶树生物学特性和根系研究方面有突出贡献的茶学家庄晚芳，从社会历史的发展、大茶树的分布及变异、古地质变化、"茶"字及其发音、茶的对外传播五个方面对茶的原产地问题作了深入细致的分析，认为茶树的原产地在我国云贵高原以大娄山脉为中心的地域。

近几十年茶学研究者从茶树的自然分布、地质变迁、茶树的进化类型等几个方面进一步证实了我国是世界上茶树的发源地，并确认中国西南地区，包括云南、贵州、四川

1　陆羽.茶经全集[Z].陆廷灿，辑.北京：线装书局，2014.

2　目前，中国生态民族学奠基人、吉首大学教授杨庭硕先生认为：随着贵州省黔西南州古茶籽化石的出土，加上贵州各地成片古茶林的发现，可以说中国茶起源于贵州。参看天眼新闻客户端。

是茶树发源地的中心。由于地质变迁及人为栽培，茶树开始由此遍及全国，并逐渐传播至世界各地。

二、茶文化的起源

中国传统文化源远流长，茶文化无疑起源于中国。所处新石器时代的炎帝与黄帝共同被尊奉为中华民族人文初祖，成为中华民族团结、奋斗的精神动力。相传炎帝牛首人身，他教民稼穑、勇尝百草，发展用草药治病，后被道教尊称为神农大帝。据《神农本草经》记载："神农尝百草，一日遇七十二毒，得荼（茶）而解之。"[1] 因此，便有了史上第一本茶学专著《茶经》中所记载的"茶之为饮，发乎神农氏"。

关于神农发现茶的传说有不同版本。有的说法是神农在野外树下用釜锅煮水时，恰遇几片叶子飘进锅中，煮好的水，其色微黄，喝下去后生津止渴、提神醒脑，神农凭借他尝百草积累的经验，认定这种植物是药，因此，茶在中国最初的用途是药用。有的说法是神农有个水晶肚，肚皮透明，能看到食物在肠胃里面的反应，神农因尝其他植物的时候中毒，当他食下茶叶后，能看到茶叶在肠胃里面转来转去把肠胃之毒排解得干干净净，因此神农称这种植物为"查"，后演化为"茶"。当然，传说还有很多，归结这些传说不难看出，以茶为载体的茶文化在中国历史悠久。

第二节 〉〉〉〉〉〉〉〉〉〉〉
茶文化的发展历史

在漫长的历史发展进程中，随着茶树种植的推广运用以及饮茶习惯的兴盛，奇特瑰丽的茶文化逐渐形成。本教程从茶文化在国内的发展历程以及国外的发展历程两个维度进行阐述，首先来认识一下茶文化的定义。

1　陈椽. 茶业通史 [M]. 北京：中国农业出版社，2008.

一、茶文化的定义

茶文化是茶与文化的有机融合。它以茶为载体，展示一定时期的物质文明和精神文明，经过几千年的历史积淀，融汇了儒家、道家及佛家精华，成为东方文化艺术殿堂中一颗璀璨的明珠。

关于茶文化的定义，目前没有统一说法，广泛采用的是将茶文化分为广义的茶文化和狭义的茶文化。广义的茶文化是指整个茶叶发展历程中有关物质和精神财富的总和，狭义的茶文化专指其精神财富部分。本部分以广义茶文化为描述对象。

一般而言，茶文化有如下四个层次[1]：

（1）物态文化。人们从事茶叶生产和茶文化活动时，各种方式与物品文化属性的展现，既包括茶叶的栽培、制造、加工、保存、化学成分及疗效研究等，也包括品茶时所使用的茶叶、水、茶具，以及桌椅、茶室等看得见摸得着的物品和建筑物。

（2）制度文化。人们在从事茶叶生产和消费过程中所形成的社会行为规范。如随着茶叶生产的发展，历代统治者不断加强其管理措施，称之为"茶政"，包括纳贡、税收、专卖、内销、外贸等。

（3）行为文化。人们在茶叶生产和消费过程中约定俗成的行为模式，通常是以茶礼、茶俗及茶艺等形式表现出来，如以茶敬客、以茶为"礼"、以茶敬佛、以茶祭祀等。

（4）心态文化。人们在应用茶叶的过程中所孕育出来的价值观念、审美情趣、思维方式等主观因素，如反映茶叶生产、茶区生活、泡茶技艺、饮茶情趣的文艺作品，将饮茶与人生哲学相结合，上升至哲理高度所形成的茶德、茶道等。这是茶文化的最高层次，也是茶文化的核心部分。

二、茶文化在中国的发展历史

人们常说，"开门七件事，柴米油盐酱醋茶"，表明茶已深入百姓日常生活。但这深入生活并非一朝一夕之事，西汉以前，茶主要为药用，直至西汉年间饮茶才有史可据，证明中国饮茶习俗不晚于公元前1世纪。

（一）两汉时期

茶原产于我国西南地区，但两汉时期，饮茶风气只盛行于四川一带，汉代对茶做过

---

1 中国就业培训技术指导中心. 茶艺师：基础知识 [M]. 2版. 北京：中国劳动社会保障出版社，2017.

记录的司马相如、王褒、扬雄均是四川人。西汉著名文学家司马相如在《凡将篇》中提到茶的"荈诧"作为药用，名儒扬雄在《方言》一书中写道，"蜀西南人谓茶曰蔎"，两人皆被陆羽列入《茶经》人物。又有西汉文学家王褒在《僮约》中以"烹茶尽具""武阳买茶"两次提及茶，可见在汉代，四川早已将茶作为商品，只是在该时期，茶为珍品，仅供上层社会的王公贵族享用，民间极少饮茶。这一时期的饮茶方式是煮茶法，把茶入釜鼎内煮后再盛到碗内饮用。

（二）三国两晋南北朝

自秦汉王朝统一中国后，各地经济往来更加紧密，上等茶在成为贡品的同时，茶业也随长江上游地区的四川扩散至长江中下游。三国两晋时期，中国茶业进一步发展，逐渐由独冠中国的巴蜀地区为长江中游地区和华中地区所取代。三国时，孙吴据有现在苏、皖、赣、鄂、湘、桂一部分和广东、福建、浙江全部陆地的东南半壁江山，这一地区，也是当时我国茶业发展的主要区域。此时，南方栽种茶树的规模和范围有很大的发展，而茶的饮用，也流传到了北方名门望族。

两晋南北朝时期玄学兴起、道教勃兴、佛教渐入，对茶的发展有极大促进作用。文人雅士、僧侣、道士对茶的需求，让茶已经脱离日常饮品渐入精神领域，开始具备一定的文化功能。这一时期，一方面门阀制度形成，一般官吏和士人的夸豪斗富让有识之士提出"养廉"思想，以陆纳、桓温为代表的士大夫主张以茶代酒推行节俭，促进茶文化滋生。另一方面，玄学兴起，以所谓名士为主导的玄学家们重门第、仪止，喜爱流连于青山绿水之间的高谈阔论，酒可能使人失雅，而茶却能助人心态平和、精神饱满。加之，茶有助于僧人禅定提神，有助于道士修炼养身，因此，茶文化在这一时期开始初显，茶已成为一种文化符号，饮茶已成为一种精神现象。

（三）隋唐宋时期

隋朝的建立，结束了中国上百年分裂局面，政治经济方面大刀阔斧的改革，以及大运河的开凿、驰道的改善为茶文化的传播提供良好外部环境打下了坚实的基础。

之后，大唐盛世促进茶文化的进一步发展，在成就陆羽撰写世界上第一部茶学专著《茶经》的同时，也将茶文化推广至民间。有学者认为民间饮茶始兴于玄宗朝，肃宗、代宗时渐多，德宗以后盛行。以《茶经》为例，初稿约成于代宗永泰元年（765年），定稿于德宗建中元年（780年）。该书认为当时的饮茶之风扩散到民间，以东都洛阳和西都长安及湖北、山东一带最为盛行，都把茶当作家常饮料。隋唐年间，饮茶方式除了传统煮茶法外，还有煎茶法，不仅中原广大地区饮茶，边疆少数民族地区也开启饮茶习俗。

宋承唐风，饮茶习俗进一步推广，茶文化随之传播。北宋时期，宋徽宗赵佶所著的《大观茶论》云："荐绅之士，韦布之流，沐浴膏泽，熏陶德化，咸以雅尚相推，从事茗饮。故近岁以来，采择之精，制作之工，品第之胜，烹点之妙，莫不咸适其极。"[1] 到了南宋时期，不仅茶铺陈设讲究，且服务时间长，临安夜市依旧有茶卖。吴自牧的《梦粱录》卷十六《茶肆》记载："今之茶肆，列花架，安顿奇松异桧等物于其上，装饰店面，敲打响盏歌卖，止用瓷盏漆托供卖，则无银盂物也。夜市于大街有车担设浮铺，点茶汤以便游观之人。"[2] 宋朝制茶方式改变，散茶逐渐取代片茶，导致茶饮方式随之改变，由煎茶为主变为点茶为主，并在此基础上形成了斗茶习俗。

这一时期，除了《茶经》《茶录》《大观茶论》等具有代表性的茶学著作外，还出现了大量有关茶的文学作品、艺术作品。唐代约有 500 首、宋代约有 1 000 首关于茶的诗词，出现周昉（唐）《调琴啜茗图卷》、刘松年（南宋）《斗茶图卷》和《茗园赌市图》等优秀绘画作品。总之，这个时期，是中国茶文化发展、风靡、变革的时期，是茶在中国发展史上具有重要影响力的时期。

斗茶又名斗茗、茗战，始于唐盛于宋，是古代有钱人的一种雅玩，以三斗两胜的赛制来评判茶的优劣。斗茶较为集中的时间是新茶初出的清明时节，地点主要在有规模的茶叶店，斗茶的主体是文人雅士，比赛主要围绕斗茶品、斗茶令和茶百戏三个方面展开。

时至今日，斗茶习俗依然兴盛，但主体、形式和目的发生了变化。斗茶主体由文人雅士为主的群体变为茶农或茶商为主体，形式上在仅保留斗茶品的基础上，增加了茶艺表演、遴选茶王等内容，目的由纯粹的雅玩变为筛选好茶，推动茶产业发展和作为茶叶营销的手段。

1　赵佶，等 . 大观茶论 [Z]. 日月洲，注 . 北京：九州出版社，2018.

2　吴自牧 . 梦粱录 [Z]. 西安：三秦出版社，2004.

（四）元明清时期

元明清时期在保持传统饮茶习俗的同时，茶文化进一步丰富。这一时期茶品繁多、门类齐全，流传至今的泡茶法趋于成熟，泡茶流程基本固定下来。元朝忽思慧《饮膳正要》载："金字末茶两匙头，入酥油同搅，沸汤点之。""沸汤点之"说明已经开始有泡茶法泡茶的趋势，明代张源《茶录》、许次纾《茶疏》总结了壶泡法的步骤大致为备器、择水、取火、候汤、泡茶、酌茶、啜饮这些程序。

泡茶法的出现推动了茶器的发展，表现突出的有瓷器和紫砂器具。从宋代点茶之风始，瓷器茶具开始发展，如建安窑的黑瓷茶盏、浙江龙泉哥窑黑胎青瓷等。元朝时期，景德镇因烧青花瓷而闻名于世，明代时，景德镇已成为全国制瓷中心，在青花瓷茶具基础上还制造彩瓷茶具。与此同时，集艺术性和实用性为一体的新质陶器紫砂壶也在发展，涌现出供春、董翰、赵梁、元畅、时大彬、徐友泉、李仲芳等制壶大师。

这一时期关于茶的艺术作品层出不穷，有唐寅（明）《事茗图》、文徵明（明）《惠山茶会图》、丁云鹏（明）《玉川煮茶图》、钱慧安（清）《烹茶洗砚图》等作品流传于世。此外，在《水浒传》《聊斋志异》《老残游记》《红楼梦》等文学作品中，都有饮茶情景出现，描写饮茶场景最多、最细腻、最生动的莫过于《红楼梦》，如"香销茶尽"一说为荣、宁二府的衰亡埋下伏笔。《红楼梦》中数百处关于茶事的描写，说明茶已充分融入人们的日常生活。

（五）清以后至今

清代以后的历史大致分为三个时期，即民国时期、中华人民共和国成立至改革开放以前、改革开放至今。

民国时期，由于战火频仍，中国的茶业发展相对滞缓。中华人民共和国成立初期至改革开放以前，茶业属于计划经济体制管控，茶叶统购统销，没有真正意义上的市场贸易，但在前农业部副部长吴觉农的带领下，实现了茶产量的恢复，1977 年茶园面积已达 101.4 万公顷，茶叶产量达 25.21 万吨，超过历史上的鼎盛时期 1886 年的 23.4 万吨。[1]

改革开放以后直到今天，茶业经历了三个发展阶段。第一阶段是 1978 年开始的生产体制改革，把茶园分包到户；第二阶段是 1985 年开始的流通体制改革，国务院下发〔1984〕75 号文件，规定除边销茶仍实行计划性指令以外，内销外销彻底放开；第三阶

1　数据来源于于观亭的《中茶七十年的茶事辉煌》。

段是党的十八大以后，提出茶业发展要抓市场、抓科技、抓文化，使中国茶业进入新的发展时期。据中国茶业流通协会的相关报告，2018 年全国 18 个主要产茶省（区、市）茶园面积 4 395.6 万亩，全国干毛茶产量为 261.6 万吨。[1] 茶业的发展也促进茶文化的繁荣。

茶文化的繁荣主要表现在全国高校茶学专业蓬勃发展，茶学研究兴盛，茶学著作层出不穷，各个领域的优秀茶人不断涌现，传统茶文化逐渐回归。以茶学研究为例，有庄晚芳、陈椽、陈宗懋、于观亭等一大批为茶倾注毕生精力的优秀专家，且成果丰硕。在茶艺服务方面注重不同层次茶艺师的培养，近年来，部分地区考取茶艺师资格证政府还给予一定的费用补贴。与茶相关的各个产业链逐步形成并完善，传播茶文化的专业场所也如雨后春笋般出现，如北京的老舍茶馆、上海的湖心亭茶楼、广州的翁姐学堂、贵州都匀的本善茶馆等五星级茶馆，传播茶文化的团体组织也相继形成。

随着中国国力的提升和习近平总书记"四个自信"的提出，习主席先后多次与外国元首茶叙。茶事外交呈现常态化，且频率高。

可见，茶自被发现和利用以来，在中国的发展历史从未间断，直至今天仍在蓬勃发展。

三、茶文化在国外的发展历史

茶不仅是一种饮品，也是一种文化符号和象征，由中国向世界各地蔓延开来，与咖啡、可可并称为世界三大无酒精饮料。

最初，茶由中国向外传播的中介是佛教，佛教对茶的初始需求是禅坐时提神解乏。大唐盛世，文化繁荣，对外交流频繁。唐顺宗永贞元年（805 年），日本最澄禅师从我国研究佛学回国，把带回的茶种种在近江（今日本滋贺县）。815 年，日本嵯峨天皇到滋贺县梵释寺，在寺内饮僧侣所泡之茶后非常高兴，遂大力推广饮茶，于是茶叶在日本得到广泛培植。之后在宋代，日本荣西禅师两度入宋学习佛法，受宋代的饮茶风俗影响，不仅带茶种回国培育，使茶进一步得到推广，还根据我国寺院的饮茶方式，自制一套饮茶方式，并著有被日本称为第一本茶书的《吃茶养生记》，成为日本茶祖。因此，日本目前的茶道中还保留了宋代遗风。同时期佛教和通使将茶带入朝鲜半岛。朝鲜《三国本纪》记载："入唐回使大廉，持茶种子来，王使植地理山。茶自善德王时有之，至于此盛焉。"该记载证明新罗使节大廉将茶种带回国，开启朝鲜广泛种茶的历史。[2]

1　数据来源于于观亭的《中茶七十年的茶事辉煌》。

2　吴远之．大学茶道教程 [M]．2 版．北京：知识产权出版社，2013.

宋元时期，瓷器和茶叶成为中国重要的出口商品，茶叶主要通过陆上丝绸之路和海上丝绸之路输送至中亚、西亚、非洲和欧洲边境。但大规模的交易，应始于明代的郑和下西洋，自永乐三年（1405 年）至宣德八年（1433 年），郑和率众七次远航，他途经东南亚、阿拉伯半岛，抵达非洲东海岸，横跨 30 余国，开通了南洋商道，促进了对东南亚贸易的发展，加深了与各地间的贸易和文化交流。

与欧洲的茶叶贸易，茶学界普遍认为是明万历三十五年（1607 年），荷兰东印度公司的海船从爪哇来澳门贩运茶叶，并于 1610 年转运至欧洲，成为西方人来东方运载茶叶的开始。1662 年，葡萄牙公主凯瑟琳嫁给英国国王查理二世。凯瑟琳是一位喜好饮茶的王后，在她的带动下，饮茶成为一种时尚，饮茶之风很快在上流社会风靡，成为宫廷生活的一部分，久而久之定格为一种生活习俗，成就了今天仍在流行的英式下午茶。对茶叶的大量需求，让英国开始自行经营茶叶贸易。18 世纪，以英国东印度公司为主的众多欧洲东印度公司与广州建立起直接的茶叶贸易联系，华茶大量涌入欧洲市场。[1]1700 年，一艘名为阿穆芙莱特的法国船只，从中国运回丝绸、瓷器和茶叶，正式拉开了中法茶叶直接贸易的序幕。清雍正五年（1727 年），中俄签订《恰克图条约》，其中包含签订在恰克图互市的协定，客观为茶文化向俄国传播提供了条件。18 世纪 30 年代，英国在北美地区已建立 13 个英属殖民地，中国茶文化实则因此间接由英国向美洲传播。1773 年英国颁布茶税法后，美国人民不堪剥削，以波士顿倾茶事件为导火索爆发了独立战争，之后，美国摆脱英国开启了和中国茶叶贸易的自由往来。

纵观茶在国外的发展历史，大致分为东向朝鲜半岛和日本的发展，西向中亚、欧洲、非洲、美洲的发展，北向俄罗斯的发展。茶文化在国外的发展，极大地提升了人们的生活质量，也和各自不同国家的文化黏合，形成风格各异的习俗与茶文化。基于此，在中国茶人的集体推动下，2019 年 6 月 29 日，在罗马闭幕的联合国粮食及农业组织大会第 41 届会议审议通过了每年 5 月 21 日为"国际饮茶日"的提案，并提请联合国大会，第 74 届联合国大会最终通过每年 5 月 21 日为"国际茶日"，2020 年 5 月 21 日将迎来首个"国际茶日"。这充分说明茶作为中国文化的使者，今天仍在发挥着积极作用。

正式的英式下午茶

正式的英式下午茶是最讲究，也是内容最丰富的。首先要选择最好的房间作为下

---

1 刘馨秋，王思明．清代华茶外销对欧洲茶产业的影响 [J]．四川旅游学院学报，2017（4）．

午茶聚会的处所，所选取的必须是最高档的茶具和茶叶，就是点心也要求精致，一般是用一个三层的点心瓷盘装满点心（必须是纯英式的）：最下层是用熏鲑鱼、火腿和小黄瓜搭配美味的三明治和手工饼干；第二层是传统英式圆形松饼搭配果酱和奶油；第一层放的是最令人胃口大开的时令水果塔和美味的小蛋糕。食用时也必须按照从下而上的顺序取用，英式圆形松饼的食用方法是先涂果酱，再涂上奶油，吃完一口再涂下一口，而涂抹松饼常用玫瑰果酱，其质地较稀，加在玫瑰茶中也相当可口。除了有对茶和点心这两位主角的严格要求外，传统下午茶还少不了悠扬的古典音乐作为背景，当然，另外一个必需的要素就是参加者的好心情。如此美妙的生活就是一种艺术，简朴而不寒酸，华丽而不奢靡，代表一种格调，一种纯粹的生活的浪漫。正是因为英国人如此重视下午茶，才使得400年来这种优雅的生活方式不断延续发展，创造出英国人恬静、高贵、精致的生活。正是下午茶构成英国饮茶内容中最核心的部分，承载着茶文化，因此，也有人说，领悟英式茶文化，就是要掌握一套完整的下午茶生活方式。[1]

波士顿倾茶事件

波士顿倾茶事件，即1773年发生于北美殖民地的波士顿人民反对英国东印度公司垄断茶叶贸易的事件。1773年，英国政府为倾销东印度公司的积存茶叶，通过了《救济东印度公司条例》。该条例给予东印度公司到北美殖民地销售积压茶叶的专有权，免缴高额的进口关税，只征收轻微的茶税，且明令禁止殖民地贩卖"私茶"。东印度公司因此垄断了北美殖民地的茶叶运销，其输入的茶叶价格较"私茶"便宜50%。由于人们饮用的走私茶占消费量的90%，该条例引起北美殖民地人民的极大愤怒。

当年11月，7艘大型商船浩浩荡荡开往殖民地，其中4艘开往波士顿，其他3艘分别开往纽约、查里斯顿和费城，船还没靠岸，报纸评论便充满了火药味。纽约、查里斯顿和费城三地的进口商失去了接货的勇气，数以吨计的茶叶不得不被运回伦敦，而运往波士顿的4艘茶叶船命运更加悲惨。1773年12月16日，塞缪尔、亚当斯率领60名"自由之子"化装成印第安人潜入商船，把船上价值约1.5万英镑的342箱茶叶全部倒入大海，整个过程相当平和安静。不过此举被认为是对殖民政府的挑衅，英

---

1 张凌云. 中华茶文化 [M]. 北京：中国轻工业出版社，2016.

国政府派兵镇压，终于导致 1775 年 4 月美国独立战争的第一声枪响。

波士顿倾茶事件是一场由波士顿居民对抗英国国会的政治示威。它是北美人民反对殖民统治暴力行动的开始，是美国革命的关键点之一，也是美国建国的主要神话之一。[1]

【思考题】

1. 为什么说中国是茶的起源地？

2. 茶文化在唐宋时期兴盛的表现是什么？

3. 饮茶方式在中国的变化历程是怎样的？

4. 在历史上茶传到日本的初始用途是什么？

5. 请简述英式下午茶的来历。

---

1 吴远之. 大学茶道教程 [M]. 2 版. 北京：知识产权出版社，2013.

第二章

茶的分类

世界各国众多科学家的研究证实，中国西南地区云、贵、川是茶树的原产地[1]，中国也是世界上最早发现并利用茶叶、最早人工栽培茶树、最早加工茶叶和茶类最为丰富的国家，还是世界茶文化的发源地。人类对茶的利用经历了药用、食用，再演变到将其作为普通饮料的过程。

我国茶区分布辽阔，种茶、制茶、饮茶历史悠久，茶叶品种和茶类丰富。茶叶的分类目前尚无统一的方法，按照不同传统习惯，主要有以下划分：

（1）按发酵程度不同分为不发酵茶、微发酵茶、轻发酵茶、半发酵茶、全发酵茶、后发酵茶。

（2）按制法和品质的不同分为绿茶、红茶、青茶、黑茶、白茶、黄茶。

（3）按产地命名分为西湖龙井、武夷岩茶、祁门红茶、安吉白茶等。

（4）按生产季节分为春茶、夏茶、秋茶、冬茶。

（5）按销路分为内销茶、外销茶、边销茶等。

（6）按加工程度分为基本茶类、再加工茶类。

（7）按生长环境分为高山茶、平地茶。

目前获得业界广泛认同，并在科研生产、贸易中广泛应用的茶叶分类是茶学专家陈椽提出的六大茶类分类法和陈启坤提出的茶叶综合分类法。将茶叶分为六大类，即绿茶、红茶、青茶、黑茶、白茶和黄茶。以基本茶类的茶叶为原料，经再加工制成的茶为再加工茶，例如：花茶、紧压茶、香料茶、萃取茶、果味茶、药用保健茶和含茶饮料等，最常见的为花茶和紧压茶。其中，人们常用的分类方法是将茶叶分为六大类，本教程也主要依据此种分类法进行介绍，有助于民航从业人员学习和掌握民航服务工作必备茶文化知识，提升自我修养，增强文化自信，提升工作领域的理论素养、服务品质，实现个性化服务。学习好相关知识以便更好地独立完成服务商务公务专包机、两舱乘客、长距离航线乘客，以及机场地面头等舱休息室乘客。

---

1 业界一直认为云、贵、川是茶的起源地，一百多万年前的茶籽化石在贵州出土可以进一步佐证这一说法。

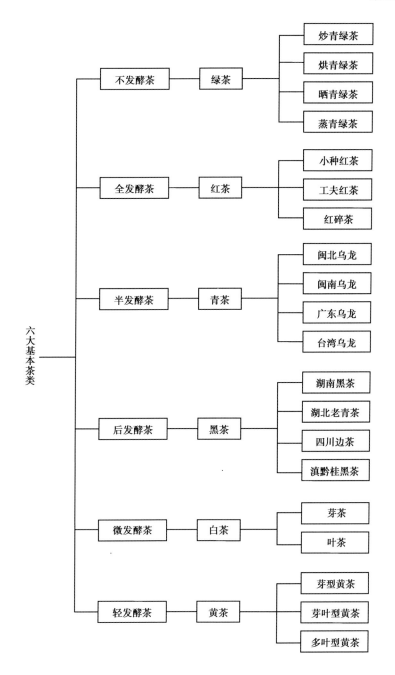

图 2-1 六大基本茶类分类图 [1]

---

1 饶雪梅，李俊 . 茶艺服务实训教程 [M]. 北京：科学出版社，2008.

第一节 〉〉〉〉〉〉〉〉〉〉〉

绿 茶

绿茶是中国历史上最早发现和饮用的茶，生产历史悠久。据《华阳国志》记载，当年周武王伐纣时，巴人为犒劳周武王军队，曾"献茶"。《华阳国志》是信史，可以认定：不晚于西周时代，现居川北区域的巴人就已开始在园中人工栽培茶叶。

绿茶是我国的主要茶类之一，是我国产区最广泛、产量最多的一个茶类，浙江、河南、安徽、江西、江苏、四川、陕西、湖南、湖北、广西、贵州等地是我国绿茶生产的主要基地。

绿茶因其干茶色泽和冲泡后的汤色、叶底以绿色为主调，故而得名。在我国，绿茶被誉为"国饮"。在国际市场上，绿茶仍是最大宗产品，主要出口非洲国家，以 2018 年为例，出口量 30.29 万吨，比 2017 年增长 2.8%，出口额 12.23 亿美元，增长 7.82%，出口量、出口额分别占我国茶叶出口的 80.25% 和 64.11%。[1] 同时，绿茶也是生产花茶的主要原料。现代科学大量研究证实，绿茶中保留的天然物质成分，含有的茶多酚、儿茶素、叶绿素、咖啡碱、氨基酸、维生素等营养成分也较多，对抗氧化、防衰老、降血压、防癌抗癌、降脂减肥、杀菌消炎等具有特殊效果。

一、品质特征

绿茶是不发酵茶，由于其特性决定了它较多地保留了鲜叶内的天然物质。其中茶多酚、咖啡碱保留了鲜叶的 85% 以上，叶绿素保留 50% 左右，维生素损失也较少，从而形成了绿茶"清汤绿叶，或称绿汤绿叶"的典型品质特征。绿茶因干茶色泽绿、汤色绿、叶底绿，俗称"三绿"。绿茶冲泡后清汤绿叶，形美、色香、味醇，给人带来静谧的享受，十分适合浅啜细品。

（1）原料：嫩芽、嫩叶。

---

1 数据参看冷杨，尚怀国，施小云，等.2018 年我国茶叶进出口情况简析 [J]. 中国茶叶，2019（4）.

（2）颜色：色泽嫩绿油润，俗称"象牙色"。奶叶（也称鱼叶）呈金黄色，称为"金黄片"。

（3）汤色：嫩绿清澈明亮。

（4）香气：清香高长。

（5）滋味：醇厚回甘。

（6）叶底：肥壮成朵、嫩黄明亮。

（三）晒青绿茶代表：滇青

产地：云南、四川、陕西等省。滇青是云南的茶叶，历史悠久，是采用大叶种茶树的鲜叶，经过杀青、揉捻后，用太阳晒干而成的优质晒青茶。它与历史上经过后熟阶段（即后发酵）越陈越香的普洱茶品质风格不同。滇青茶有经久耐泡的特点，除可作一般茶叶冲泡饮用外，还宜作烤茶冲泡饮用。

滇青的品质特征如下（图2-5，见彩插）：

（1）形状：外形条索粗壮肥硕，白毫显露。

（2）颜色：色泽深绿油润。

（3）汤色：汤色明亮。

（4）香气：香高味醇。

（5）滋味：浓醇，富有收敛性。

（6）叶底：肥厚。

（四）蒸青绿茶代表：恩施玉露

产地：湖北恩施南部的芭蕉乡及东郊五峰山。沿用唐代的蒸汽杀青方法，是我国目前保留下来的为数不多的传统蒸青绿茶，相传创于清康熙年间，恩施芭蕉黄连溪有一兰姓茶商，垒灶研制，所制茶叶，外形紧圆、坚挺、色绿、毫白如玉，故称"玉绿"。到晚清至民国初期，为茶叶发展兴盛时期，1936年湖北省民生公司管茶官杨润之，改锅炒杀青为蒸青，其茶不但汤色、叶底绿亮，鲜香味爽，而且外形色泽油润翠绿，毫白如玉，故改名为"玉露"。1945年外销日本，从此"恩施玉露"名扬于世。

恩施玉露选用叶色浓绿的一芽一叶或一芽二叶鲜叶经蒸汽杀青制作而成。茶绿、汤绿、叶底绿，"三绿"为其显著特点。

恩施玉露的品质特征如下（图2-6，见彩插）：

（1）形状：外形条索纤细挺直如针，被誉为"松针"。

（2）颜色：色泽苍翠绿润。

（3）汤色：嫩绿明亮，如玉如露。

（4）香气：香气清爽。

（5）滋味：鲜爽甘醇。

（6）叶底：嫩匀明亮，色绿如玉。

绿茶新茶和陈茶的识别

绿茶新茶的外观色泽鲜绿、有光泽，香味浓郁；泡出的茶汤色泽碧绿，有清香、兰花香、豆香、熟板栗等香味，滋味甘醇爽口，叶底鲜绿明亮。

绿茶陈茶的外观色黄暗灰、无光泽，香气低沉，如对茶叶用口吹热气，湿润的地方叶色黄且干涩，闻有冷感；泡出的茶汤色泽深黄，味虽醇厚但不爽口，叶底陈黄欠明亮[1]。

第二节 >>>>>>>>>>
红 茶

中国是红茶的发祥地。中国武夷山桐木关是世界红茶的发源地，产自明朝时期福建武夷山桐木关的茶农创制的正山小种红茶是世界红茶之鼻祖。当葡萄牙凯瑟琳公主嫁给查理二世时，她的嫁妆里有几箱中国的正山小种红茶。从此，红茶被带入英国宫廷，喝红茶迅速成为英国王室生活中不可缺少的一部分。英国人挚爱红茶，渐渐地把饮用红茶演变成一种高尚华美的红茶文化，并把它推广到全世界。[2]到18世纪中叶，其制作生产技术传到了印度、斯里兰卡等国。如今，红茶已经成为国际茶叶市场的大宗产品。

红茶因其干茶色泽和冲泡的茶汤均以红色为主调，故而得名。红茶种类较多，产地较广，全世界有不少国家生产红茶，主要的红茶产茶国包括中国、印度、斯里兰卡、印

---

1 田立平. 鉴茶品茶 210 问 [M]. 北京：中国农业出版社，2017.

2 佚名. 世界红茶香 香启桐木关 [N]. 闽北日报，2014-10-11.

度尼西亚、肯尼亚、土耳其等。世界四大著名红茶为：中国祁门红茶、印度阿萨姆红茶、印度大吉岭红茶、锡兰高地红茶。[1]红茶是世界上消费的主要茶类，在国际市场上，红茶贸易量占世界茶叶总贸易量的 90% 以上。所以作为民航服务人员应重点学习该类茶。

一、品质特征

由于红茶在发酵过程中，鲜叶会发生很大变化，茶多酚 90% 以上被氧化，茶黄素、茶红素的产生使茶叶红变，造成其香气种类众多，咖啡因、儿茶素和茶黄素络合成滋味鲜美的络合物，从而形成了红茶（干茶）、红汤、红叶（叶底）和香甜味醇的品质特征，其中，"红叶红汤"是红茶的典型品质特征。

（1）原料：大叶、中叶、小叶都有。

（2）颜色：干茶色泽以红色为主，或棕红色，或黑褐色，或橙红色。

（3）汤色：红亮，或红艳，或深红。

（4）香味：独特的麦芽糖香、焦糖香，滋味浓厚，略带涩味。

（5）性质：茶性温和。

二、加工工艺

红茶基本的加工工艺：鲜叶萎凋→揉捻→发酵→干燥。

（1）萎凋。萎凋有日光萎凋、遮阴网萎凋、自然萎凋和萎凋槽萎凋等方法。萎凋程度，要求鲜叶消失一部分水分，失去光泽，叶质柔软梗折不断，增加茶的韧性，同时有助于青草成分的挥发。

（2）揉捻。揉捻是为了造型，将茶叶中的叶细胞揉碎，加速多酚类的酶氧化，有利于茶汁的渗出，香气的散发，改变茶叶的形状。一般是揉捻成条状。

（3）发酵。发酵是红茶加工中非常关键的步骤。红茶经过发酵，让茶叶和空气中的氧充分接触，产生氧化反应，茶叶中会生成一系列的茶黄素、茶红素等衍生物，形成红茶、红汤、红叶底的品质特征。

（4）干燥。高温烘焙，迅速蒸发水分，固定茶叶外形，形成茶叶品质。

1　濮元生，朱志萍．茶艺实训教程 [M]．北京：机械工业出版社，2018.

三、品种分类

我国红茶按制法和产品品质的不同，大致分为三类：小种红茶、工夫红茶、红碎茶。

（一）小种红茶

小种红茶是福建省武夷山的特种红茶，生产历史悠久。

因产地和品质的不同，小种红茶有正山小种和外山小种（人工小种）之分。其中正山小种在国际上备受青睐。正山小种是武夷山国家级自然保护区的核心地带星村乡桐木关一带生产的，也称"桐木关小种"或"星村小种"，如金骏眉、银骏眉等；周边的坦洋、北岭、屏南、古田、沙县及江西铅山等地所产的仿照正山品质的小种红茶，统称"外山小种"或"人工小种"。[1]

正山小种距今有 400 余年历史，是世界红茶的鼻祖。正山小种根据制作工艺又分为烟种和无烟种。烟种在加工过程中用松柴明火加温进行萎凋和干燥，制成的茶叶有浓烈的松烟香，特征明显。

（二）工夫红茶

工夫红茶是中国特有的红茶品种，也是中国传统出口商品，属于条形茶，又称"条红"，以内销为主。它的初制与精制工序皆颇费工夫，且品质要求较高，因而得名为"工夫"。

由于产地不同，采用的茶树品种和加工工艺都有差异，因此形成了风格迥异的工夫红茶，有祁红、滇红、宁红、川红、宜红、粤红、闽红、湘红、越红、黔红等。

（三）红碎茶

红碎茶的制法始创于 1880 年前后，百余年来发展甚快，已占到世界红茶产销总量的 95% 以上，成为国际市场上销售量最大的茶类。印度、斯里兰卡、肯尼亚、孟加拉国、印度尼西亚等是世界主要的红碎茶生产国，其中印度是红碎茶生产和出口最多的国家。我国在 20 世纪 60 年代以后才开始试制红碎茶。产地分布较广，遍于云南、广东、广西、海南、四川、贵州等地。由于受全球一体化发展的影响，红茶产品得到不断创新。近年来，国内出现的名优特色红茶，甚至掀起一阵红茶风暴。

红碎茶一般选用粗老的梗叶为原料制成。在红茶加工过程中，将条形茶切成短细的碎茶而成，故名"红碎茶"。红碎茶按其外形又可分为叶茶、碎茶、片茶、末茶。红碎

1　张凌云 . 中华茶文化 [M]. 北京：中国轻工业出版社，2016.

茶滋味浓烈，收敛性强，适合加入糖、牛奶、柠檬、蜂蜜、咖啡和香槟酒等饮用。印度红碎茶、滇红碎茶和南川红碎茶都非常有名。

四、代表名茶

红茶是世界上生产和贸易的主要茶类，是当前世界上产量最多、销路最广、销量最大的一种茶类，但在中国它的生产量次于绿茶。本教程按照小种红茶、工夫红茶、红碎茶列举代表名茶。

（一）小种红茶

1. 正山小种（烟种）

产地：福建武夷山桐木关地区。正山小种红茶是最古老的一种红茶，又称"拉普山小种"，18世纪后期首创于福建省崇安县（1989年崇安撤县设市，更名为武夷山市）桐木关地区。历史上该茶以星村为集散地，故又称"星村小种"。16世纪末17世纪初（约1604年），正山小种被远传海外，由荷兰商人带入欧洲，随即风靡英国王室乃至整个欧洲，并掀起流传至今的"下午茶"风尚。自此正山小种红茶在欧洲历史上成为中国红茶的象征，成为世界名茶。

正山小种（烟种）的品质特征如下（图2-7，见彩插）：

（1）形状：外形条索肥壮、紧结匀整。

（2）颜色：色泽铁青带褐，较油润。

（3）汤色：橙红明亮。

（4）香气：有天然花香、烟香、桂圆香、蜜枣味，香气高长。

（5）滋味：味醇厚甘爽，喉韵明显。

（6）叶底：厚实、古铜色。

2. 金骏眉

产地：福建武夷山桐木关自然保护区最核心的位置。金骏眉是武夷山红茶的一种，2005年由福建武夷山正山茶业首创研发，为我国茶类中的后起之秀，采用正山小种400余年传统与创新制作工艺，以纯芽尖制成。金骏眉原料要求高，为清明节前采摘，500g金骏眉干茶大约需要5万个芽尖。

金骏眉的品质特征如下（图2-8，见彩插）：

（1）形状：外形条索紧秀，圆而挺直、重实，绒毫显。

（2）颜色：色泽为金、黄、黑相间，色润。

（3）汤色：金黄色，清澈有金圈。

（4）香气：水、香、味似果、蜜、花等综合香型。

（5）滋味：入喉甘甜，滋味鲜活甘爽。

（6）叶底：舒展后，芽尖鲜活，秀挺亮丽，叶色呈古铜色。

（二）工夫红茶——祁红

产地：安徽黄山祁门、东至、贵池（今安徽池州市）、石台、黟县，以及江西的浮梁一带。祁门工夫红茶简称"祁红"，属小叶种类型的工夫茶，是我国传统工夫红茶中的珍品，有100多年生产历史，红茶中的极品，在国内外享有盛誉。国外赞为"祁门香"，是英国女王和王室的至爱饮品，美称"群芳最""红茶皇后"。祁红的采制多在春夏两季，只采鲜嫩茶芽的一芽二叶制茶。

祁红的品质特征如下（图2-9，见彩插）：

（1）形状：外形条索紧细匀整，稍弯曲，锋苗秀丽。

（2）颜色：色泽乌黑泛灰光（俗称"宝光"）。

（3）汤色：红艳明亮。

（4）香气：浓郁高长，带有蜜糖香味，蕴含兰花香（称"祁门香"）。

（5）滋味：甘鲜醇厚，回味隽永。

（6）叶底：鲜红嫩软。

（三）南川红碎茶

产地：重庆市南川区。南川产茶历史悠久，早在唐代就产饼茶，其制作技艺精细，饮用方法讲究，被列为贡茶，为涪州名茶之首。"民国"十五年（1926年）《南川县志》记有"涪州出三般茶，宾化最盛，制于早春，先辈携茶至京师馈人者，尤得宾化早春之名"等。由此可见，南川产茶历史悠久，品质"早负盛名"。

南川红碎茶问世于1975年，素以"浓、强、鲜、香"和质量稳定享誉全球。南川红碎茶以云南大叶种茶树的一芽二、三叶的二、三级鲜叶为主要原料。

南川红碎茶的品质特征如下（图2-10，见彩插）：

（1）形状：外形颗粒紧结重实。

（2）颜色：色泽乌润。

（3）汤色：红艳明亮。

（4）香气：香高持久。

（5）滋味：浓强鲜爽。

（6）叶底：红亮嫩匀。

红茶"Black Tea"的来由

红茶在英语中为"Black Tea"，而不是"Red Tea"。由于西方人相对注重茶叶的颜色，中国人相对注重茶汤的颜色，因此在称呼上存在差异。

1689 年，英国在中国的福建省厦门市设置基地，大量收购中国茶叶。英国人喝红茶比喝绿茶多，且又发展出其独特的红茶文化。因为在厦门所收购的茶叶都是属于红茶类的半发酵茶——"武夷茶"，大量的武夷茶流入英国，取代了原有的绿茶市场，且很快成为西欧茶的主流。武夷茶色黑，故被称为"Black Tea"（直译为黑茶）。后来茶学家根据茶的制作方法和茶的特点对其进行分类，武夷茶冲泡后红汤红叶，按其性质属于"红茶类"。但英国人的惯用称呼"Black Tea"却一直沿袭下来，用以指代"红茶"。

第三节 》》》》》》》》》》
青　茶

青茶，又名乌龙茶，品种繁多，是中国几大茶类中独具鲜明特色的茶叶品类。乌龙茶由宋代贡茶龙团、凤饼演变而来，创制于清雍正年间（1725 年）前后。[1]

乌龙茶为中国特有的茶类，主要产于福建（闽北、闽南）、广东、台湾地区。近年来浙江、四川、湖南等省也有少量生产。乌龙茶制作时适当发酵，使叶片稍有红变，综合了绿茶和红茶的制法，既有绿茶的清香和花香，又有红茶醇厚回甘的滋味。在日本，乌

1　吴远之. 大学茶道教程 [M].2 版. 北京：知识产权出版社，2013.

龙茶被称为"美容茶""健美茶"。乌龙茶除了内销广东、福建等省外，主要出口日本、东南亚各国和我国港澳地区等。

一、品质特征

青茶属半发酵茶，发酵程度介于红茶和绿茶之间。由于发酵程度不同，茶鲜叶中的叶绿素转化程度不同，因而干茶、茶汤呈现多样的色彩；由于焙火程度的不同，茶叶颜色也不同。

（1）原料：叶芽，枝叶连理，大都是对口叶，芽叶已成熟。

（2）颜色：干茶为橙红色（如重发酵的白毫乌龙等）、砂绿色（如铁观音等）、青褐色（如水仙、武夷岩茶等）、灰绿色（如轻发酵的翠玉乌龙等）。

（3）汤色：金黄，或橙黄，或橙红，或橙绿。

（4）香味：香味类型丰富，这是青茶的典型特点之一。从清新的花香、果香到熟果香，滋味醇厚，微苦而回甘。

（5）性质：茶性温凉。

二、加工工艺

青茶（乌龙茶）的加工工艺：鲜叶→晒青→做青→杀青→揉捻（包揉）→烘焙（干燥）。

（1）鲜叶。采摘一芽二叶或一芽三叶。

（2）晒青。鲜叶采摘后，需要进行晒青。在阳光的作用下，叶温升高，水分蒸发，酶的活性逐渐增强，促进多酚类化合物的转化和对叶绿素的破坏，也有助于青草成分的挥发和香草成分的形成。

（3）做青。乌龙茶的重要制作工艺是"做青"。"做青"是乌龙茶区别于其他茶类的独特工艺，是形成乌龙茶天然花果香品质特征的关键工艺。做青使茶叶发生变化，形成所需要的颜色、香气、滋味。做青是摇青、晾青交替进行，直至达到品质要求的工艺过程。做青有"看青做青""看天做青"之说，由于茶叶品质要求、鲜叶特点及气候等因素的不同，制成的乌龙茶品质也不同。

（4）杀青。用高温阻断茶叶继续氧化，使茶叶的色、香、味稳定。

（5）揉捻（包揉）。揉捻至干茶所需的形状。包揉是安溪乌龙茶和台湾高山茶制作的特殊工序，运用"揉、搓、压、抓"等动作，作用于茶坯，使茶条形成紧结、弯曲螺旋状外形。

（6）烘焙（干燥）。在热力的作用下，蒸发水分，固定品质，紧结条形，对增进滋味醇和、香气纯正有很好的效果，提高茶叶品质。

三、品种分类

据福建《安溪县志》记载："安溪人于清雍正三年首先发明乌龙茶做法，以后传入闽北和台湾。"[1] 我国的乌龙茶产区主要分布在福建、广东、台湾地区。其中，福建是乌龙茶的发源地和最大产区。根据茶树产地和工艺的不同，乌龙茶主要分为闽北乌龙、闽南乌龙、广东乌龙、台湾乌龙。

（一）闽北乌龙

主要产于福建北部的武夷山一带。主要名茶有武夷岩茶、大红袍、武夷肉桂、水仙等。

（二）闽南乌龙

主要产于福建南部的安溪、漳州、平和、永春等县市。主要名茶有安溪铁观音、黄金桂、大叶乌龙、奇兰、本山、永春佛手、毛蟹茶等。

（三）广东乌龙

广东作为乌龙茶另一重要产区，主要地域包括潮州市、揭阳市、梅州地区等。主要名茶有凤凰单丛、凤凰水仙、岭头单丛等。广东地区以潮州的凤凰单丛和饶平的凤凰水仙为代表。

（四）台湾乌龙

台湾乌龙茶源于福建，经过后续的发展，制茶工艺有所改变，有别于福建的乌龙茶。主要产于阿里山山脉等地。主要名茶有冻顶乌龙、文山包种、阿里山乌龙、白毫乌龙（东方美人）等。

四、代表名茶

本教程按照闽北乌龙、闽南乌龙、广东乌龙、台湾乌龙列举代表名茶。

---

1 吴远之. 大学茶道教程 [M]. 2 版. 北京: 知识产权出版社，2013.

（一）大红袍

产地：武夷山天心岩九龙窠的高岩峭壁上。大红袍母树于明末清初被发现并采制，距今已有300多年的历史。大红袍是武夷岩茶中的名丛珍品，它既是茶树名又是茶叶名，大红袍的品质很有特色，冲泡7~8次仍有原茶真味和花香。好的茶有"七泡八泡有余香，九泡十泡余味存"的说法。

大红袍的品质特征如下（图2-11，见彩插）：

（1）形状：外形匀整，条索紧结壮实，稍扭曲，叶面呈青蛙皮状，人称"蛤蟆背"。

（2）颜色：色泽青褐鲜润，呈"宝光"。

（3）汤色：橙黄明亮。

（4）香气：馥郁有兰花香或桂花香，香高持久。

（5）滋味：浓醇回甘，清新爽口，岩韵明显。

（6）叶底：肥厚软亮，红边明显。

航班上的"红茶"大红袍

某天某国际航班飞行结束。机长让新来的乘务员小张为其泡一杯"红茶"大红袍，飞机上的机组人员都知道机长特别喜欢喝大红袍。当时小张有点惊讶，因为小张来自大红袍的故乡——中国福建武夷山，新来的小张决定把家乡的特产耐心地介绍给机长。

大红袍由于名称中有个"红"字，常常被误认为是"红茶"，茶汤也是类似于红茶的茶汤，想必不少人会认为大红袍就是红茶。其实不然，大红袍和红茶虽然都生长在福建武夷山，但是大红袍属于六大茶类中的青茶，且品质优异。

很多人由于对铁观音的不了解，也会把铁观音误认为"绿茶"，但铁观音也属于六大茶类中的青茶。青茶的大红袍也常被人误认为红茶，因此青茶也有个别称——"乌龙茶"。

听了小张的解释，机长又重新认识了自己喜爱的"青茶（乌龙茶）"——大红袍。

（二）安溪铁观音

产地：福建安溪的西坪、祥华、感德等地。安溪铁观音为历史名茶，素有"茶王"之称。据载，安溪铁观音茶起源于清雍正年间。以铁观音茶树制成的铁观音品质最佳，是闽南乌龙茶中品质优良、较具代表性的茶，有"香、清、甘、活"的特点。自问世以来，一直受到福建、广东、台湾地区以及东南亚各国、日本等地区人们的珍爱。

安溪铁观音的品质特征如下（图2-12，见彩插）：

（1）形状：外形紧结、卷曲重实，似蜻蜓头、螺旋体、青蛙腿。

（2）颜色：色泽砂绿油润，叶表带白霜。

（3）汤色：金黄、浓艳清澈。

（4）香气：香高而持久，有天然馥郁的兰花香、甜香，有"七泡留余香"之誉。

（5）滋味：醇厚甘鲜，回甘悠久，俗称"音韵"。

（6）叶底："绿叶红镶边"，呈三分红七分绿，柔软红亮[1]。

（三）凤凰单丛

产地：广东潮州潮安凤凰镇乌崀山。凤凰镇位于国家历史文化名城潮州之北的凤凰山，凤凰单丛因产地凤凰山而得名。当地种植水仙茶树种、制茶均已有900余年，宋《潮州府志》载："凤山名茶待诏茶，亦名贡茶。"现尚存300~400年老树龄茶树3 000余株，性状奇特。

凤凰单丛是从凤凰水仙群体品种中筛选出来的优异单株。凤凰单丛为条形乌龙茶，以香气高锐持久、花果香型丰富而著称，有"形美、色翠、香郁、味甘"之誉。

凤凰单丛的品质特征如下（图2-13，见彩插）：

（1）形状：条索挺直肥大，稍弯曲。

（2）颜色：黄褐色或青褐色，油亮有光泽。

（3）汤色：橙黄清澈。

（4）香气：香高而持久，有天然花香、果味，香气类型丰富。

（5）滋味：味醇爽口回甘，口齿生津。

（6）叶底：肥厚柔嫩，边缘朱红，叶面黄而明亮。

（四）冻顶乌龙

产地：台湾鹿谷乡凤凰山支脉冻顶山麓一带，海拔700多米，月均气温20 ℃左右，冬季温暖，湿度较大，终年云雾笼罩，茶园为棕色高黏性土壤，排、储水条件良好。

冻顶乌龙茶是台湾名茶之一，可四季采制，四季茶中以春茶、秋茶及早期冬茶品质较佳。

1　濮元生，朱志萍. 茶艺实训教程 [M]. 北京：机械工业出版社，2018.

冻顶乌龙的品质特征如下（图2-14，见彩插）：

（1）形状：外形卷曲呈球形，条索紧结重实。

（2）颜色：色泽墨绿，油润，边缘呈金黄色。

（3）汤色：金黄澄清明亮。

（4）香气：清鲜高爽，带熟果香或浓花香，如桂花香。

（5）滋味：甘醇浓厚，回甘生津好，带明显焙火韵味。

（6）叶底：枝叶嫩软，色黄油亮，韧性好。叶底边缘镶红边，称为"绿叶红镶边"或"青蒂、绿腹、红镶边"。

北苑茶

乌龙茶的形成与发展，首先要溯源于北苑茶。北苑茶是福建最早的贡茶，也是宋代以后最为著名的茶叶，历史上介绍北苑茶产制和煮饮的著作就有十多种。北苑是福建建瓯凤凰山周围的地区，在唐末已产茶。《闽通志》载，唐末建安张廷晖雇工在凤凰山开辟山地种茶，初为研膏茶，宋太宗太平兴国二年（977年）已产制龙凤茶，宋真宗（998年）以后改造小团茶，成为名扬天下的龙团凤饼。当时任过福建转运使、监督制造贡茶的蔡襄，特别称颂北苑茶，他在《茶录》中谈到，"茶味主于甘滑，惟北苑凤凰山连属诸焙所产者味佳"。北苑茶重要成品是龙团凤饼。

第四节 ≫≫≫≫≫≫
黑　茶

黑茶生产历史悠久。北宋熙宁七年（1074年）就有用绿毛茶作色变黑的记载。"黑茶"二字，最早见于明嘉靖三年（1524年）御史陈讲奏疏："以商茶低伪，悉征黑茶。地产有限，乃第茶为上中二品，三七为则，上三中七，印烙篦上，书商名而考之[1]。

黑茶是我国特有的一大茶类，产量仅次于绿茶和红茶，花色、品种丰富，主要产于湖南、

1　陈椽. 茶业通史 [M]. 北京：中国农业出版社，2008.

湖北、四川、云南、广西等地。由于所选用的原料较粗老，在制造过程中堆积发酵时间较长，所以叶色呈油黑或黑褐色，故称黑茶。黑茶是压制紧压茶的主要原料。由于历史的原因，黑茶一直都是边销或侨销的商品，主要供应西藏、内蒙古、新疆等边疆少数民族地区，成为不可缺少的生活必需品。为了运输方便，大多压制成各种形状的紧压茶。但是现在黑茶的保健功能被不断发掘，使得我们内销和外销的市场逐年加大。

一、品质特征

黑茶属于后发酵茶（随时间的不同，其发酵程度会变化），黑茶外形粗大、粗老，气味较重。存放时间越久，其味道越醇厚。

（1）原料：花色品种丰富，大叶种等茶树的粗老梗叶或鲜叶经后发酵制成。

（2）颜色：干茶色泽油黑或褐绿色，有光泽。

（3）汤色：橙黄，或橙红，或深红。

（4）香味：醇厚回甘，有特殊的陈香味。

（5）性质：茶性温和。

二、加工工艺

黑茶的加工工艺：杀青→揉捻→渥堆→干燥。

（1）杀青。黑茶鲜叶粗老，叶粗梗长，多为一芽五、六叶，含水量低，需高温快炒，翻动快、匀。

（2）揉捻。杀青后趁热揉捻，直至嫩叶成条、粗老叶成皱叠。

（3）渥堆。渥堆是黑茶品质形成的关键工序。把茶堆成大堆，保持一定的温度和湿度，经过一段时间的发酵，其间应适时翻堆。渥堆过程促进了茶叶内部非酶性的氧化，转化成茶褐色等氧化物，形成褐绿或褐黄的外观特征，滋味更加醇和。

（4）干燥。形成特有的油黑色和松烟香味，固定茶形。

"黑茶"的由来

绿色的鲜茶叶，是经过何种制作工序变成黑茶的呢？

最早的黑茶是由四川生产的，由绿毛茶经蒸压而成的边销茶。四川的茶叶要运输

到西北地区，当时交通不便，运输困难，为了减少体积，便将茶叶蒸压成团块。在加工成团块的过程中，要经过20多天的湿坯堆积，所以毛茶的色泽由绿逐渐变黑。成品团块茶叶的色泽为黑褐色，形成了茶品的独特风味，这就是黑茶的由来[1]。

三、品种分类

黑茶按照产区和工艺上的差别，主要分为湖南黑茶、湖北老青茶、四川边茶、滇黔桂黑茶。

（一）湖南黑茶

湖南黑茶兴起于16世纪末。原产于湖南安化，现已扩大到桃江、沅江、汉寿、宁乡、益阳、临湘等地。湖南黑茶有散装茶和紧压茶两大类，散装茶有天尖、贡尖、生尖三种，称为"三尖"。紧压茶主要有茯砖茶、黑砖茶、花砖茶、千两茶等。其中，安化茯砖茶是颇具代表性的黑茶。

（二）湖北老青茶

产于湖北蒲圻（今湖北赤壁）、咸宁、通山、崇阳、通城等地，有100多年的历史。湖北老青茶又称"湖北边茶"，它是压制青砖茶的原料。

（三）四川边茶

生产历史悠久，产于四川。四川雅安、乐山等地生产金尖、康砖等黑茶，主要供应给边区少数民族饮用，古称"边茶"。通常，雅安、天全、荥经等地所产的边茶专销康藏，称"南路边茶"，是压制康砖和金尖茶的原料；都江堰、崇庆（今四川崇州）、大邑等地所产边茶专销川西北松潘、理县等地，称"西路边茶"，是压制茯砖茶和方包茶的原料。

（四）滇黔桂黑茶

滇黔桂黑茶有云南普洱沱茶、七子饼茶、紧茶，贵州黑茶，广西六堡茶等。云南黑茶统称普洱茶，是主产于云南思茅、西双版纳、昆明宜良的条形黑茶。贵州黑茶自晚清

1　张金霞，陈汉湘. 茶艺指导教程 [M]. 北京：清华大学出版社，2011.

问世以来经历了曲折发展，近两年呈蓬勃发展之势。广西六堡茶因原产于苍梧县六堡乡而得名，清嘉庆年间就以其特殊的槟榔味而入我国名茶之列。

四、代表名茶

本教程以茶界流行度相对较广的代表作为讲解对象。

（一）普洱茶

产地：云南思茅、西双版纳、昆明宜良、下关、勐海等地。普洱茶古今中外负有盛名。现在泛指以公认普洱茶主产区的云南大叶种茶树鲜叶为原料制成的晒青毛茶，经过后发酵加工成的散茶和紧压茶。

普洱茶有普洱茶生茶和普洱茶熟茶之分。因普洱茶生茶的分类归属在业界一直有争议，本教程主要介绍普洱茶熟茶。

普洱茶熟茶，即人工催熟，经过人工促成后发酵生产的普洱茶及其压制成形的各种紧压普洱茶，也叫现代普洱茶（熟普、熟茶）。1973 年，中国茶叶公司云南茶叶分公司根据市场发展的需要，最先在昆明茶厂试制普洱茶熟茶，后在勐海茶厂和下关茶厂推广生产工艺。经过渥堆发酵工艺，加速了茶的陈化，使茶性更加温和。

普洱茶熟茶的品质特征如下（图 2-15，见彩插）：

（1）形状：外形肥壮紧结。

（2）颜色：色泽乌褐或褐红（俗称"猪肝色"），芽头为金红色。

（3）汤色：红浓深厚、透明。

（4）香气：独特的陈香，有的带有樟香、枣香等。

（5）滋味：甘滑、醇厚。

（6）叶底：肥嫩均匀，黑褐或红褐色。

普洱茶为什么又叫"七子饼茶"

在普洱茶交易市场上，经常会看到圆饼状普洱茶七饼一筒装，每饼重 357 g，俗称为"七子饼茶"。关于"七子饼茶"的来历有两种说法。

一种说法："七子饼茶"是自唐代开启茶马互市后形成的习惯，交易的时候是七张饼捆扎好外加一张饼一共八张过数的，另外多出来的那张分离的饼用来上税。

另一种说法：方便度量衡和马帮运茶。一饼茶为357 g，一筒七饼，357 g×7饼茶=2 499 g，约2.5 kg。一件茶12筒约30 kg，一匹马驮两件茶约60 kg，刚好可以负重前行。

（二）茯砖茶

产地：湖南安化、桃江、沅江、汉寿、宁乡、益阳、临湘等地。陕西咸阳也出产茯砖茶。因在伏天加工，又称"伏茶""伏砖"。茯茶紧压成砖形，即茯砖。根据原料老嫩度不同，茯砖茶有特制茯砖（特茯）和普通茯砖（普茯）之分。茯茶有特殊的药香，有的茯茶中有"金花（金黄色霉菌）"，即学名为"冠突散囊菌"的一种有益菌，颗粒大，干嗅有黄花清香，有较好的降脂解腻、养胃健胃等作用。产地居民有腹痛或腹泻以茯砖代药的习惯。

茯砖茶的品质特征如下（图2-16，见彩插）：

（1）形状：长方砖形，砖面平整，棱角分明，厚薄一致，"发花"茂盛。

（2）颜色：特茯砖面为黑褐色，普茯砖面为黄褐色。

（3）汤色：红黄明亮。

（4）香气：纯正，有花的清香。

（5）滋味：特茯滋味醇和；普茯滋味纯和，无涩味。

（6）叶底：黑褐、粗老。

（三）六堡茶

产地：广西苍梧、贺州、贵县、横县等地。清乾隆时期六堡茶在广西、广东、港澳及南洋地区已深受欢迎，并出口到欧洲。六堡茶有"红、浓、醇、陈"的品质特点，宜久藏，越陈越好，久藏的茶叶有"发金花"，是六堡茶品质优良的表现。

六堡茶的品质特征如下（图2-17，见彩插）：

（1）形状：干茶条索紧细，间有"金花"。

（2）颜色：色泽黑褐光润。

（3）汤色：红浓明亮。

（4）香气：陈醇、有槟榔香味。

（5）滋味：醇厚、爽口回甘。

（6）叶底：红褐色。

第五节 》》》》》》》》》》

白　茶

白茶是我国茶类中的特殊珍品，是福建福鼎茶农创制的传统名茶，也是近年来异军突起的一类茶。主要产于福建福鼎、政和、松溪和建阳等地，目前中国多地区甚至国外都开始生产制作白茶，如台湾地区就有少量生产。白茶的名字最早出现在唐朝陆羽的《茶经》中，"永嘉县东三百里有白茶山"[1]。陈椽教授在《茶业通史》中指出："永嘉东三百里是海，是南三百里之误。南三百里是福建福鼎（唐为长溪县辖区），系白茶原产地。"可见唐代长溪县（福建福鼎）已培育出"白茶"品种。

白茶因最开始成品茶多为芽头，满披白毫，如银似雪而得名。白茶是采摘鲜叶后晒干或阴干、焙干后加工的茶，茶叶外形以"满披白毫"为显著特点，加工工艺以"不炒不揉"为特点，采用最自然的做法，保留了很多对人体有益的天然维生素。白茶还有药理作用。白茶有"一年茶、三年药、七年宝"的美誉，海外侨胞往往将白茶视为不可多得的珍品。

一、品质特征

白茶为微发酵茶，茶树鲜叶要求是嫩芽及嫩叶都满披白毫。

（1）原料：由壮芽或嫩芽制成。

（2）颜色：干茶色白隐绿，满披白色茸毛，毫心如银。

（3）汤色：微黄，或黄亮，或黄褐。

（4）香味：味清鲜爽口、甘醇，香气弱。

（5）性质：茶性寒凉。

1　陆羽. 茶经全集 [Z]. 陆廷灿，辑. 北京：线装书局，2014.

二、加工工艺

白茶的加工工艺：鲜叶→萎凋→干燥。

传统白茶的加工"不炒不揉"，基本工艺为萎凋、干燥。新工艺白茶是福建福鼎白琳茶厂1968年创制的新产品，加工工艺在萎凋后经过轻度"揉捻"，使茶叶外形更加紧结，滋味更加浓厚，方便运输不易破碎。

（1）鲜叶。鲜叶原料要求嫩芽及两片嫩叶均有白毫显露，这样制成的茶叶才会满披毫毛，色白如银。白茶使用福鼎大白茶、福鼎大毫茶、政和大白茶、福安大白茶等茶树鲜叶制成，白毫银针采摘单芽，白牡丹采摘一芽一、二叶。

（2）萎凋。萎凋是白茶品质形成的重要工序。萎凋有室内自然萎凋、复式萎凋和加温萎凋。通常，室内通风良好，无日光直射时，比较适合室内自然萎凋；春秋季节的晴天一般采用复式萎凋，就是自然萎凋和日光萎凋相结合；阴天、雨天一般采用加温萎凋，比如热风萎凋。在萎凋过程中，白茶内含成分发生轻度发酵，儿茶素形成茶黄素等，蛋白质水解为氨基酸，香气转为清香。

（3）干燥。要根据种类进行简单的干燥工序。

白茶为何营养丰富

白茶的制作采用最原始的做法，人们采摘了细嫩且叶背多白茸毛的芽叶，加工时不炒不揉，既不像绿茶那样阻止茶多酚氧化，也不像红茶那样促进它的氧化，而是置于微弱的阳光下或通风较好的室内自然晒干，使白茸毛被完整地保留下来，再用文火慢慢烘干。由于制作过程简单，以最少的工序进行加工，因此白茶在最大程度上保留了茶叶中的营养成分。[1]

三、品种分类

因茶树品种、鲜叶原料采摘标准不同，白茶有不同的分类标准。按照鲜叶采摘嫩度的不同，白茶分为芽茶和叶茶两类。

1　濮元生，朱志萍．茶艺实训教程［M］．北京：机械工业出版社，2018．

（一）芽茶

如福建的白毫银针。单芽制成的茶称为"银针"，采时只在新梢上采下肥壮的单芽。

（二）叶茶

如白牡丹、寿眉等。白牡丹采摘一芽一、二叶，芽头显。寿眉采摘一芽二、三叶，以叶为主，芽头不显。

四、代表名茶

本教程按照芽茶和叶茶两类列举代表名茶。芽茶以白毫银针为代表，叶茶有白牡丹、寿眉等。

（一）白毫银针

产地：福建建阳、政和、福鼎、松溪等地。白毫银针为历史名茶，创制于清代嘉庆年间，简称银针，也名白毫。因其色白如银，外形似针而得名，以茶形之美著称。采摘大白茶树的肥芽制成，是白茶的名贵品种，素有茶中"美女""茶王"之美誉。一般在 3 月下旬至清明节采摘肥芽，在制作时未经揉捻，所以冲泡时间比一般绿茶要长些，否则不易浸出茶汁。冲泡后，芽尖竖立水中，芽芽挺立，上下交错，慢慢下沉至杯底，蔚为奇观。

白毫银针的品质特征如下（图 2-18，见彩插）：

（1）形状：外形挺直似针，芽头肥壮，白毫密披。

（2）颜色：色白如银。

（3）汤色：浅杏黄，呈象牙白。

（4）香气：毫香清鲜。

（5）滋味：醇厚回甘。

（6）叶底：肥嫩，叶色暗。

产地不同，品质也有差异。产于福鼎的，芽头茸毛厚，色白有光泽，汤色呈浅杏黄色，滋味清鲜爽口；产于政和的，滋味醇厚，香气芬芳。

（二）白牡丹

产地：福建政和、建阳、松溪、福鼎等地。白牡丹以茶形之美著称，是采摘大白茶树、水仙种新梢的一芽一、二叶为原料而制成，是白茶中的上乘佳品。于 20 世纪 20 年代首

创于建阳水吉，现主销我国港澳地区及东南亚各国。

白牡丹的品质特征如下（图 2-19，见彩插）：

（1）形状：似枯萎花瓣，芽叶连枝，叶缘垂卷。

（2）颜色：色泽灰绿或暗青苔色。

（3）汤色：杏黄或橙黄、明亮。

（4）香气：毫香鲜嫩持久。

（5）滋味：清醇微甜。

（6）叶底：嫩匀完整，叶脉微红，布于绿叶之中，有"红装素裹"之誉。

（三）寿眉

产地：福建福鼎。寿眉是用采自菜茶（福建茶区对一般灌木茶树之别称）品种的短小芽片和大白茶片叶制成的白茶。寿眉有时被称为贡眉，但"贡眉"通常是上品，其质量优于寿眉。

寿眉的品质特征如下（图 2-20，见彩插）：

（1）形状：毫心明显，茸毫色白且多。

（2）颜色：色泽翠绿。

（3）汤色：橙黄明亮。

（4）香气：鲜纯。

（5）滋味：醇爽、清甜。

（6）叶底：匀整、柔软、鲜亮，叶片迎光看去，可透视出主脉的红色。

存放多年的老白茶会有什么变化

白茶存放几年就可称为"老白茶"，10~20 年的老白茶比较难得。白茶经过长时间存放，茶叶内质缓慢地发生着变化，其多酚类物质不断氧化，转化为更高含量的黄酮、茶氨酸等成分，茶叶从绿色转为褐绿色，香气成分逐渐挥发，汤色逐渐变红，滋味变得醇和，茶的刺激感由强至弱[1]。陈年白茶解毒而不凉，口感也更甜更滑更顺，较新茶更为醇厚。

1　田立平. 鉴茶品茶 210 问 [M]. 北京：中国农业出版社，2017.

第六节 >>>>>>>>

黄　茶

　　黄茶是我国特有的茶类之一，是从绿茶演变而来的特殊茶类。在炒青绿茶的过程中，由于杀青、揉捻后干燥不足或不及时，叶色变黄，于是产生了新的品类——黄茶。我国的黄茶产量小，品种也比较少。黄茶芽叶有不同要求，多叶型黄茶为一芽多叶，其余的黄茶要求"细嫩、新鲜、匀齐、纯净"。

一、品质特征

　　黄茶属轻发酵茶，具有干茶色黄、汤色黄、叶底黄的"三黄"品质特征。加工过程中，进行"闷黄"，在湿热条件下茶叶中的茶多酚等物质进行氧化，并促使叶绿素降解，形成了黄茶"黄汤黄叶"的显著特点。

　　（1）原料：由带有茸毛的芽头或芽叶制成。

　　（2）颜色：干茶叶黄。

　　（3）汤色：杏黄，或橙黄。

　　（4）香味：香气清鲜，滋味清醇鲜爽。

　　（5）性质：茶显凉性。

二、加工工艺

　　黄茶的制作与绿茶有相似之处，不同之处主要是"闷黄"的工序。

　　黄茶的加工工艺：鲜叶→杀青→闷黄→干燥。

　　（1）鲜叶。芽型黄茶原料为单芽或一芽一叶初展；芽叶型黄茶原料为一芽一叶、一芽二叶初展；多叶型黄茶原料为一芽多叶。

　　（2）杀青。黄茶品质要求黄汤黄叶，杀青的温度与技术非常有讲究。火温"先高

后低"。杀青过程中动作要轻巧灵活，采用多闷少抖，创造高温湿热条件，使茶叶内含物发生一系列变化，为形成黄茶醇厚滋味及黄色色泽创造条件。

（3）闷黄。闷黄是制作黄茶最重要的工艺。在闷黄过程中，通过湿热作用，使茶叶内的成分发生化学变化，形成黄茶、黄汤、黄叶的品质特征。

（4）干燥。黄茶的干燥过程需要分次进行，温度"先低后高"。在较低温度下烘炒，水分蒸发、干燥速度缓慢，在湿热作用下进行缓慢转化，促进黄汤黄叶的进一步形成。再用较高温度烘炒，固定品质，形成黄茶的醇和味感。

三、品种分类

黄茶按鲜叶的嫩度和芽叶大小可分为三类：黄芽茶、黄小茶和黄大茶。根据2018年更新后黄茶标准的分类，将其分为芽型黄茶、芽叶型黄茶和多叶型黄茶。

（一）芽型黄茶

主要名茶有君山银针、蒙顶黄芽、莫干黄芽等。

（二）芽叶型黄茶

主要名茶有沩山毛尖、远安鹿苑等。

（三）多叶型黄茶

主要名茶有霍山黄大茶、广东大叶青等。

四、代表名茶

由于黄茶目前为国内饮用人群最少的茶类，也不是民航业主要使用的茶类，故本教程就以君山银针为例讲解。

君山银针始于唐代，清朝时被列为"贡茶"。据《巴陵县志》记载："君山产茶嫩绿似莲心。""君山贡茶自清始，每岁贡十八斤。"又据《湖南省新通志》记载："君山茶色味似龙井，叶微宽而绿过之。"古人形容此茶如"白银盘里一青螺"。因其质量优良，曾在1956年国际莱比锡博览会上获得金质奖章。

产地：湖南岳阳洞庭湖中的君山茶场。所产的茶，形似针，满披白毫，故以地名和茶形结合，而称君山银针。君山银针是芽型黄茶之极品，"色、香、味、形"四美俱佳。

采摘和制作都有严格要求，在清明节前后采摘，只采摘春茶的首轮嫩芽。冲泡时，芽头竖立杯中，部分芽头上下沉浮，金枪直立，汤色茶影，为茶中奇观。

君山银针的品质特征如下（图 2-21，见彩插）：

（1）形状：芽头肥壮挺直、匀齐，满披茸毛。

（2）颜色：色泽金黄光亮，有"金镶玉"之称。

（3）汤色：浅黄、清澈。

（4）香气：清鲜。

（5）滋味：甘醇甜爽，久置不变其味。

（6）叶底：嫩黄明亮、肥厚匀亮。

君山银针的产地"君山"

君山银针产于湖南省岳阳市洞庭湖君山。君山，古时称洞庭山，又名湘山，为洞庭湖中的一个小岛，与千古名楼岳阳楼隔湖相望，也是拥有许多名胜古迹的景区。君山产茶历史悠久，岛上盛产的银针茶在唐代就供帝王饮用。君山气候温暖湿润，年平均温度为 16~17 ℃，雨量充沛，年降雨量为 1 340 mm 左右，岛上土地肥沃，竹木相覆，郁郁葱葱，春夏季湖水蒸发，云雾弥漫，自然环境非常适宜茶树生长，山地遍布茶园。

另外，除了本教程介绍的六大基本茶类，还有再加工茶类，此处列举民航乘客较喜欢的花茶供阅读参考。

再加工茶——花茶

以各种毛茶或精制茶为主要原料再加工而成的茶为再加工茶，包括花茶、紧压茶、萃取茶、果味茶、药用保健茶和含茶饮料等。

花茶是将茶叶加花窨制成的茶，又名"窨花茶""熏花茶""香片""香花茶"，是我国独特的一种茶类。茶吸收花的香气，既有花的芬芳，又有茶的滋味，且花香经久耐泡。花茶按其茶叶种类可分为花绿茶、花红茶、花青茶三大类。

使茶叶吸收花香的制作工艺称"窨制"。窨制花茶的原料为茶坯和香花。茶，一般采用绿茶（烘青绿茶）做茶坯，少量以红茶或乌龙茶做茶坯。花，一般采用茉莉花、

珠兰、玫瑰花、桂花、玉兰花等，以茉莉花为最多，茉莉花有理气、明目、降血压等功效。花茶多以窨的花种命名，如茉莉花茶、牡丹绣球、珠兰花茶、玫瑰红茶、桂花乌龙茶等。其中，"茉莉花茶"是用烘青绿茶茶坯与茉莉花加工而成，香气清高鲜爽、滋味醇厚，受茶客喜爱，是我国花茶的大宗产品和典型代表，产区辽阔、品种丰富。著名产地为福建、四川、广西等，著名品种有茉莉银针、碧潭飘雪等。

茶叶的存放

茶叶的存放有很多共性之处，茶叶存放一般需注意：

一是应将茶叶存放在清洁卫生、干燥、避光、阻氧、通风好的阴凉处，应避免放置于潮湿、高温、阳光、有异味的地方。注意不可与清洁剂、香料、香皂等共同保存，以保持茶叶的纯净。禁止与化学合成物质接触，或与有毒、有害、易污染的物品接触。

二是保存大量的茶叶品质，一般采用生石灰储藏法、炭储法和冷藏法。

（1）生石灰储藏法。生石灰的干燥性能强，将生石灰用布袋包装好，同时茶叶也密封包装好，再一起密封包装，生石灰袋应隔1~2个月更换一次。

（2）木炭储藏法。将适量的木炭装入布袋内，置于茶叶罐的底部，再将包装好的茶叶分层排列在茶叶罐里，密封坛口。注意木炭应一两个月更换一次。

（3）采用专用冰箱冷藏存放。此法保存时间长、效果好，但注意密封严实，避免损坏茶叶的品质。

三是采用罐（以锡罐为上，铁罐、纸罐次之）、陶瓷坛、暖水瓶等储藏，注意存放茶叶的容器密封效果要好，保证接触茶叶的材料应坚固、干燥、清洁、无异味等。

四是提倡无菌包装、铝箔袋抽真空包装、充氮包装，密封存放。

五是中度、重度发酵的乌龙茶存放时间可比轻发酵乌龙茶稍长，岩茶讲究先存放再喝，有些乌龙茶可以久存成老茶再饮用。白茶也可以存放成老白茶再饮用。如茶叶放置不当受潮可采取方法进行处理，如乌龙茶返青可以用炭火或烤箱焙一下。但出现霉变则不能饮用。

六是飞机上常采用袋装、罐装等方式包装。茶叶最好少量购买或以小包装存放，减少打开包装的次数，避免接触空气。存放时不能和有异味的物品一起存放，要远离卫生间等有异味的场所。

【思考题】

1. 我国基本茶类有哪些？各类茶分别有什么品质特征？请列举出我国各地的主要名茶。

2. 茶叶应如何采摘与制作？

3. 茶叶的色泽、香气、滋味、形状是如何形成的？

4. 古有诗云"雾芽吸尽香龙脂"，自古以来，好茶总是与名山大川有着紧密的关系，如蒙顶甘露、黄山毛峰等。请思考"为什么高山云雾出好茶"？

5. 茶叶的存放应注意哪些问题？机上和地面头等舱休息室茶叶存放有何异同？

第三章

茶具的认识

"工欲善其事，必先利其器。"茶具是茶文化的重要载体。茶具最早出现于西汉王褒《僮约》中"烹茶尽具"。在当时，饮茶已有了专用器皿。唐代陆羽《茶经》中记载的储茶、煮茶、饮茶用具有 24 件之多。明代许次纾在《茶疏》中说："茶滋于水，水藉乎器，汤成于火，四者相须，缺一则废。"可见，我国古人历来很重视泡茶的用具。在中国茶具制造史上，茶具经历了从无到有、从共用到专一、从粗糙到精致的过程。

茶具，古时称茶器或茗器，有广义和狭义之分。广义的茶具是指人们在制茶、泡茶、饮茶过程中所使用的各种器具。狭义的茶具指茶壶、茶杯、公道杯、茶道组等泡茶、饮茶的器具。本部分以狭义茶具为大家讲解。

随着茶文化的发展，我国茶具的种类、形态和内涵都有了新的发展，茶具带给大家的不仅是实用价值，还有颇高的艺术欣赏价值，可使人陶冶性情、增长知识、增添品茗的情趣，因而驰名中外，为历代茶爱好者所青睐。

第一节 》》》》》》》》
茶具的分类

古人认为，"器为茶之父"。饮茶器具，是中国源远流长茶文化的重要组成部分。中国是茶的故乡，人们发现和利用茶叶的历史可追溯到神农时期，从粗放式喝茶到艺术化品饮，都离不开茶具。茶具也随着饮茶的发展而不断发生变化。因此，几千年的茶文化发展史也是一部茶具的演变史。

茶具的分类有不同的方法，常见的有以下几种[1]：

（1）茶具按用途分为茶杯、茶碗、茶壶、茶盖、茶荷、茶盘等。

（2）茶具按茶艺冲泡要求分为煮水器、备茶器、泡茶器、盛茶器、涤洁器等。

（3）茶具按质地分为陶器茶具、瓷器茶具、玻璃茶具、漆器茶具、金属茶具、竹木茶具、搪瓷茶具等。

泡茶的器具种类繁多，不胜枚举。本书按照茶具的质地分类来介绍茶具。

---

1 陈丽敏. 茶与茶文化 [M]. 重庆：重庆大学出版社，2012：37.

一、陶器茶具

陶器是中国历史上最早的茶具。历经发展，中国四大名陶为江苏宜兴紫砂陶（图3-1，见彩插）、云南建水五彩陶（图3-2，见彩插）、广西钦州坭兴桂陶、重庆荣昌安富陶。其中，最负盛名的是江苏宜兴紫砂陶。在北宋初期，紫砂茶具就已经发展成独树一帜的优秀茶具，明代大为流行。

紫砂茶具，造型多样，坯质致密坚硬，透气性好，敲击音低沉，能保持茶叶的原始风味。用其泡茶，既不夺茶真香，又无熟汤气，能较长时间保持茶叶的色、香、味。加之保温性能好，即使在盛夏酷暑，茶汤也不易变质发馊，还可在炉上煮茶，经久耐用。因而成为各种茶具中惹人喜爱的瑰宝。但紫砂茶具色泽多数深暗，用它泡茶，对茶叶汤色均不能起衬托作用，对外形美观的茶叶，也难以观姿察色，这是其美中不足之处。

在机场地面头等舱休息室和飞机上，比较适合选用紫砂壶。它的造型丰富，色泽古朴典雅，能耐温和保持茶香，小巧方便携带，适合冲泡红茶、乌龙茶和黑茶等。

二、瓷器茶具

中国为千年瓷都。瓷器茶具的品种很多，主要有青瓷茶具、白瓷茶具、黑瓷茶具和彩瓷茶具[1]，这些瓷质茶具与茶的完美搭配，让中国茶传播到全球各地。

（1）青瓷茶具以造型见长，以釉色取胜，以纹片著称。因色泽青翠，用来冲泡绿茶，更能突出绿茶的汤色之美。但冲泡红、白茶、黄茶、黑茶，不利于茶汤的鉴别（图3-3，见彩插）。

（2）白瓷茶具坯质细密，透明度好，上釉、成陶火度高，无吸水性，音清而韵长。因色泽皎白，更能反映茶汤的色泽，并且传热、保温功能适中，加之色彩缤纷，外形各异，为品茶器皿中之珍品（图3-4，见彩插）。

（3）黑瓷茶具风格独特，古朴雅致，瓷质厚重，保温性能较好。常用来冲泡普洱茶等（图3-5，见彩插）。

（4）彩瓷茶具品种花色丰富，其中尤以青花瓷茶具最引人注目。青花瓷茶具花纹蓝白等色彩相映成趣，有赏心悦目之感；色彩淡雅幽静可人，有华而不艳之力。加之彩料之上涂釉，显得滋润明亮，更平添了青花瓷茶具的魅力（图3-6，见彩插）。

我国生产的各种瓷质茶具物美价廉，表面光洁，不与任何物质起化学反应，耐酸、耐碱、

1　伯仲. 中国瓷器分类图典 [M]. 北京：化学工业出版社，2008.

耐高温，同时保温、传热适中，能较好地保持茶叶的色、香、味、形之美。如果加上图文装饰，又具艺术欣赏价值，是理想的泡茶器皿。瓷杯尤其是瓷盖碗适合冲泡各种茶类，如绿茶、红茶、青茶、黑茶、白茶、黄茶和花茶等，故成为地面头等舱休息室和机上普遍使用的茶具。

三、玻璃茶具

玻璃茶具是现代茶具的代表（图3-7，见彩插）。玻璃质地透明、光泽夺目、可塑性强、形态各异、用途广泛，加之价格低廉，购买方便，受到人们的青睐。玻璃茶具的品种众多，如直筒玻璃杯、玻璃煮水器、玻璃公道杯、玻璃茶壶、玻璃盖碗、玻璃品茗杯、玻璃闻香杯、玻璃同心杯等。用玻璃杯泡茶犹如动态的艺术欣赏，茶汤的色泽以及茶叶的姿态、沉浮都尽收眼底，极富品赏价值。但传热快，易烫手，易裂易碎，不透气，茶香容易散失。不过现代科学技术已能将普通玻璃经过热处理，改变玻璃分子的排列，制成有弹性、耐冲击、热稳定性好的钢化玻璃，使茶具性能大为改善。

玻璃器皿和瓷器一样，不与任何物质起化学反应，由于其晶莹剔透，用它冲泡高级细嫩名茶，可以观赏茶叶的形状，茶姿、汤色历历在目，可增加饮茶情趣，而且简易方便，适合冲泡绿茶、红茶、白茶和黄茶等。

四、漆器茶具

中国是世界上最早使用漆器的国家，对漆器的记载最早见于《韩非子·十过》，"禹作祭器，黑漆其外，而朱画其内"[1]。漆器茶具的制作始于清代，主要产于福建福州一带。漆器茶具是采割天然漆树液汁炼制，掺进所需色料，制成绚丽夺目的器件。著名的有北京雕漆茶具，福州脱胎茶具，江西鄱阳、宜春等地生产的脱胎漆器等，均别具艺术魅力（图3-8，见彩插）。

五、金属茶具

金属茶具是由金、银、铜、铁、锡等金属材料制作的茶具。现代很多人用金、银、铜、铁来做成主要的泡茶用具或煮水用具，如日本铁壶等。锡、铜茶具也多用于泡茶辅助用具，如锡制的茶叶罐，密闭性好，对防潮、防氧化、防光、防异味都有较好的效果；或是做

1　吴远之. 大学茶道教程 [M]. 2版. 北京：知识产权出版社，2013.

成煮水器、茶则、茶匙等。

现代茶具中，有代表性的金属不锈钢茶具应属电热壶（也称"随手泡"），是专门为泡茶设计的煮水器，一般有温度自动控制和人工控制两种功能，加热时间短，非常方便，深受人们喜爱，也是地面头等舱休息室常用的茶具之一（图3-9，见彩插）。

六、竹木茶具

现代人崇尚返璞归真，偏爱竹木茶具，对珍贵的木材，赋予能工巧匠雕琢，可成为极具观赏性和收藏价值的艺术品。常见的竹木茶具有茶盘、茶碗、杯托、茶则、茶匙、茶夹、茶针、茶荷、茶叶罐等（图3-10，见彩插）。

七、搪瓷茶具

20世纪初，我国才开始真正生产搪瓷茶具。搪瓷茶具坚固耐用，图案清新，使用轻便，耐腐蚀性较好，能起到保温作用，但传热快，易脱瓷、烫手烫坏桌面（图3-11，见彩插）。

综上所述，茶具材料多种多样，造型千姿百态，纹饰百花齐放。茶具的选配应因茶而宜、因具而宜、因地而宜、因人而宜。一般而言，现在通用的各类茶具中以瓷器茶具、陶器茶具为佳，玻璃茶具次之。因此，针对地面头等舱休息室和机上茶艺服务，是在确保安全的前提下，灵活选配茶具。

烹茶四宝

工夫茶具虽多，但福建及广东潮州、汕头一带，习惯用小杯子啜饮乌龙茶，茶人们认为"烹茶四宝"是工夫茶必备茶具。

潮汕炉。红泥小火炉，加热之用。有高有矮，炉心深而小，火力足而均匀，炉有盖有门，通风性能好，有的炉门两侧刻有茶联。

玉书碨。小的瓦陶壶，烧水之用。为扁形壶，高柄长嘴，材质为潮州红泥。

孟臣罐。小紫砂壶，泡茶之用。孟臣是明代制壶名匠惠孟臣，他最早制壶于明代天启年间，最初壶底刻有"大明天启丁卯荆溪惠孟臣制"字样。孟臣善制小壶，现在孟臣壶几乎成为小容量紫砂壶的通称。

若琛瓯。小品茗杯，饮茶之用。为白瓷翻口小杯，杯小而浅，似半个乒乓球大小的小杯子，容量10~20 mL，一般有2~4只。相传为清代江西景德镇烧瓷名匠若琛所制，杯底书有"若琛珍藏"，现在有些小瓷杯也用若琛款。[1]

第二节 ⟫⟫⟫⟫⟫⟫
茶具的组成

茶具的组成众说纷纭，一般有备水器具、泡茶器具、品茶器具、辅助器具等。此处以常用茶具为基准，通常把茶具分为主茶具和辅助茶具[2]。

一、主茶具

主茶具是泡茶、饮茶的主要器具，包括茶壶、盖碗、玻璃杯、品茗杯、闻香杯、公道杯、茶船、水盂等。

（一）茶壶

茶壶是用于泡茶的器具。泡茶时，茶壶大小依饮茶人数多少而定。也有直接用茶壶来泡茶和盛茶，独自酌饮的。茶壶质地多样，较多使用紫砂壶或瓷器茶壶（图3-12、图3-13，见彩插）。

（二）盖碗

盖碗，是主要的泡茶、品茶用具，由杯盖、茶碗与杯托三部分组成，又称"三才杯""三才碗"。人们习惯把杯身（寓为"人"）、杯托（寓为"地"）、杯盖（寓为"天"）一同端起来品茗，意为"三才合一"。盖碗由紫砂、瓷器、玻璃等质地制作（图3-14，见彩插）。

---

1 田立平.鉴茶品茶210问[M].北京：中国农业出版社,2017:12.

2 濮元生，朱志萍.茶艺实训教程[M].北京：机械工业出版社，2018：33.

（三）玻璃杯

玻璃杯是主要的泡茶器皿之一，是用来直接冲泡茶并饮用的器具（图 3-15，见彩插）。

（四）品茗杯

品茗所用的小杯子，常常与闻香杯配合使用（图 3-16，见彩插）。

（五）闻香杯

闻香杯是盛放泡好的茶汤，倒入品茗杯后，嗅闻留在杯底余香的器具。杯身较高，容易聚香（图 3-17，见彩插）。

（六）公道杯

公道杯用于盛放泡好的茶汤，能均匀茶汤浓度，沉淀茶渣，再分倒各杯，使每个杯子里的茶汤浓度和口味相同（图 3-18，见彩插）。

（七）茶船

随着时代的发展，茶船和茶盘的功能逐渐融合，因此在现代社会茶船也称茶盘，是承载泡茶主要用具的垫底茶具。有的是双层，上层有孔，多余的水便存于池中，既美观，又可防止被烫手或烫坏桌面。有竹木、陶及金属质地等（图 3-19、图 3-20，见彩插）。

（八）水盂

水盂是用于盛放废水、茶渣等的器皿（图 3-21，见彩插）。

二、辅助茶具

除了主茶具外，在泡茶过程中还需要一些辅助用具，既可以辅助泡茶、方便操作，又可以增加美观。辅助茶具是在煮水、备茶、泡饮等环节中起辅助作用的茶具，常见的有煮水器、茶道组（茶筒、茶则、茶匙、茶夹、茶漏、茶针）、茶荷、茶巾、茶滤、杯托、奉茶盘、茶叶罐等。

（一）煮水器

煮水器主要用于煮开和盛放泡茶用水（图 3-22，见彩插）。

饮茶所用煮水器包括热源和煮水壶两部分。热源有酒精灯、电炉或炭炉等，壶的质地有陶、不锈钢、搪瓷或铁、铜，甚至用纯银做的煮水壶。形体丰富多彩，以现代简易型为主。

（二）茶道组

茶道组包括茶筒、茶则、茶匙、茶夹、茶漏和茶针，也称"茶道六用""茶道六君子"。以竹、木材质为主（图3-23，见彩插）。

1. 茶筒

茶筒是用来盛放茶则、茶匙、茶夹、茶漏和茶针的茶器。

2. 茶则

茶则也称茶勺，是从贮茶器中量取干茶的器具。茶则用来衡量茶叶用量，确保投茶量准确。

3. 茶匙

茶匙也称茶拨，用于拨取茶叶，是协助茶则或茶荷将茶叶拨入泡茶器的器具。茶匙还可用于去除茶汤中的茶渣。茶匙为长柄、圆头、浅口小匙。

4. 茶夹

用来夹杯洗杯，或夹茶漏放置壶口处，或将茶渣自茶壶中夹出。

5. 茶漏

在置茶时，放在壶口上，扩充壶口面积，防止茶叶外漏。

6. 茶针

茶针用来疏通壶嘴、刮去浮沫、清理茶渣之用，多为工夫茶冲泡壶小易塞而备。

（三）茶荷

主要用来盛放干茶，以供观赏茶叶外形、色泽，便于闻干茶的香气。还可把它作为盛装茶叶入壶或杯时的用具，用竹、木、陶、瓷、锡、羊角等制成（图3-24，见彩插）。

（四）茶巾

用于擦拭茶具、吸干残水、托垫茶壶等的棉、麻织物（图3-25，见彩插）。

（五）茶滤

出茶汤时放置在公道杯上，使茶汤与茶渣分离（图 3-26，见彩插）。

（六）杯托

杯托是放置茶杯的垫底器具（图 3-27，见彩插）。

（七）奉茶盘

盛放茶具、茶食等，敬送给品茶者，显得洁净高雅，常用竹木、陶瓷制作而成（图 3-28，见彩插）。

（八）茶叶罐

茶叶罐是储存茶叶的器皿。茶叶有对异味的较强吸附性、需防止太阳直射和防潮等特性，决定茶叶罐的材质需要有所选择。陶瓷、紫砂、竹子等材料制作的茶叶罐均可储藏茶叶，但尽量不用玻璃、塑料等材质（图 3-29，见彩插）。

茶具与茶的适宜搭配

玻璃杯冲泡法：玻璃杯、茶船、随手泡、茶道组、茶荷、茶巾、奉茶盘等。宜用于细嫩名优茶的冲泡，如品饮西湖龙井、洞庭碧螺春、黄山毛峰、君山银针等。

盖碗冲泡法：盖碗、茶船、品茗杯、公道杯、随手泡、茶道组、茶荷、茶巾、杯托、奉茶盘等。适用于各类茶的冲泡，如绿茶、红茶、乌龙茶、黑茶、白茶、黄茶、花茶等。

紫砂壶冲泡法：紫砂壶、茶船、品茗杯、闻香杯、公道杯、随手泡、茶道组、茶荷、茶巾、杯托、奉茶盘等。适用于乌龙茶、黑茶等的冲泡。

【思考题】

1. 如何根据茶叶品种选配适当的茶具？

2. 紫砂壶茶具产于我国江苏宜兴丁蜀镇（古称"阳羡"），供（龚）春、时大彬、李仲芳、徐友泉、惠孟臣、陈鸣远、杨彭年、陈鸿寿、邵大亨、顾景洲等人为宜兴紫砂壶茶具作出过重大贡献。你认为紫砂壶茶具应如何选用与保养？

3. 为什么说"水为茶之母，器为茶之父"？

4. 你认为机上和地面头等舱休息室茶具的选择有何异同？

第四章

茶的冲泡服务

泡茶本质上就是将茶叶内含成分充分浸出至茶汤中的过程。泡茶用水、茶叶类别、茶具选择和冲泡方法等直接影响茶叶内含成分的浸出含量，影响茶汤色、香、味及其保健效果。因此，要泡出好喝的茶，须有好茶、好水、好的茶具和好的泡茶技艺。

唐代苏廙的《十六汤品》中提到"水为茶之母，器为茶之父"，"汤者，茶之司命"。烹茶鉴水，成为中国茶道的一大特色。因为水中不仅溶解了茶的芳香甘醇，而且溶解了茶道的精神内涵、文化底蕴和审美理念。明代许次纾在《茶疏》中说："精茗蕴香，借水而发，无水不可与论茶也。"[1] 明代张大复在《梅花草堂笔谈·试茶》中提出："茶性必发于水，八分之茶，遇十分之水，茶亦十分矣；八分之水，试十分之茶，茶只八分耳。"[2] 可见，中国饮茶历来十分讲究。此外，唐代陆羽的《茶经》，宋代蔡襄的《茶录》、宋徽宗的《大观茶论》、唐庚的《斗茶记》，明代朱权的《茶谱》、罗廪的《茶解》、张源的《茶录》、许次纾的《茶疏》，清代陆廷灿的《续茶经》等，都提及泡茶的讲究。

本章对茶的冲泡理论知识和技能进行阐述和演示，针对机场地面头等舱休息室和机上茶艺服务应灵活选配水、茶、器，为民航业服务人员梳理地面头等舱休息室茶的冲泡方法和机上茶事服务的差异化。

第一节 》》》》》》》》》
茶的冲泡要素

一、茶叶用量

茶叶用量就是每杯或每壶中放适当分量的茶叶。量取茶叶时，要根据茶叶的种类、茶具的大小（泡茶的器皿）、喝茶人的多少、个人饮用习惯（根据喜喝浓茶或淡茶而调整）、喝茶人的年龄（老人、年轻人和儿童）等来选择茶的用量。因为经济舱一般都是统一标准化服务（不排除经济舱客人有特殊需求），此部分内容主要是针对服务头等舱（公务舱）

1　张凌云. 中华茶文化 [M]. 北京：中国轻工业出版社，2016.

2　张大复. 梅花草堂笔谈 [Z]. 李子繁，点校. 杭州：浙江人民美术出版社，2016.

客人及地面头等舱休息室客人。

通常根据泡茶茶具的容量大小，按照茶水比决定茶叶用量。国际上审评绿茶、红茶，一般采用的茶水比例为 1 ∶ 50。但审评岩茶、铁观音等乌龙茶，因品质要求着重香味并重视耐泡次数，用特制钟形茶瓯审评，其容量为 110 mL，投入茶样 5 g，茶水比例为 1 ∶ 22[1]。不同茶类泡茶的茶水比参考表 4-1。

表 4-1　不同茶类泡茶的茶水比 [2]

茶 类	茶水比（g ∶ mL）
绿茶、红茶、黄茶、花茶	1 ∶（50~60）
白茶	1 ∶（20~25）
青茶 / 乌龙茶	1 ∶（20~30）
黑茶 / 普洱	1 ∶（30~50）

（1）一般来说，绿茶、红茶、黄茶、花茶类，每克茶叶冲泡 50~60 mL 开水。通常一只容水量在 200 mL 的玻璃杯，投茶量为 2~3 g，注入开水 100~150 mL。如果用茶壶泡，茶叶用量按壶大小而定，每克茶用水量为 50~60 mL。

（2）白茶茶水比为 1 ∶（20~25），每克茶叶冲泡 20~25 mL 开水。

（3）青茶 / 乌龙茶茶水比为 1 ∶（20~30），每克茶叶用水量为 20~30 mL，应根据乌龙茶的紧结程度、发酵程度、焙火程度、饮茶人数、冲泡用壶的容积等因素灵活掌握投茶量。

（4）黑茶类每克茶叶用水量为 30~50 mL，根据茶叶产地、制作工艺和品饮者口感不同进行调整。

总之，茶叶用量的多少，既要参考上述茶水比，也要视泡茶用具容积大小和乘客口味而定，不拘泥于机械的记忆。

二、泡茶水温

泡茶水温，即用适当温度的开水冲泡茶叶。陆羽在《茶经·五之煮》中说："其沸，如雨目，微有声，为一沸；缘边如涌泉连珠，为二沸；腾波鼓浪，为三沸。已上，水老，不可食也。"[3] 可见古人对泡茶的水温十分讲究。

1　屠幼英，乔德京 . 茶学入门 [M]. 杭州：浙江大学出版社，2014.

2　屠幼英，乔德京 . 茶学入门 [M]. 杭州：浙江大学出版社，2014.

3　陆羽 . 茶经全集 [Z]. 陆廷灿，辑 . 北京：线装书局，2014.

泡茶水温的掌握因茶而定。水温高低与茶的老嫩、松紧、大小有关。一般而言，茶叶原料粗老、紧实、整叶的比茶叶细嫩、松散、碎叶的茶汁浸出要慢，所以前者冲泡水温要稍高。此外，泡茶水温与茶叶中有效物质在水中的溶解度成正比，水温越高，溶解度越大，茶汤越浓；反之，水温越低，茶汤就越淡。

不同茶类泡茶水温参考表 4-2。

表 4-2　不同茶类泡茶的水温 [1]

茶　类	水　温 /℃
绿茶	75~85
白茶	80~100
黄茶	85~90
红茶、花茶	90~95
轻发酵乌龙茶	85~90
重发酵重焙火乌龙茶	90~100
黑茶	沸水

（1）一般而言，绿茶的冲泡水温在 75~85 ℃，使茶汤嫩绿明亮，滋味鲜爽，内含维生素 C。水温过高，茶汤容易变黄，滋味较苦，维生素 C 大量被破坏。

（2）白茶中以寿眉最为耐泡，其次是白牡丹。冲泡白毫银针、白牡丹水温 80~85 ℃ 为佳，寿眉用沸水冲泡。白茶也讲究喝老茶，存放几年的白茶水温宜高，老寿眉适合煮饮。

（3）黄茶可根据原料老嫩不同，采用 85~90 ℃水温冲泡。芽型黄茶原料细嫩，采摘单芽或一芽一叶初展加工而成，可选择阈值范围内偏低水温泡茶。芽叶型黄茶采摘细嫩芽叶加工而成，可选择阈值范围内的中度水温泡茶。多叶型黄茶采摘一芽二、三叶甚至一芽四、五叶为原料制作而成，可选择 90 ℃的水温冲泡。

（4）冲泡红茶、花茶，用 90~95 ℃的水冲泡。红茶作为世界上使用范围最广的茶类，民航服务人员尤其要关注包括水温在内的各种红茶冲泡要素，否则香甜的茶汤会变得酸涩，进而影响服务品质。

（5）由于乌龙茶的鲜叶原料成熟度较高，内含物难溶出，通常用沸水冲泡。但对发酵程度轻或焙火轻的乌龙茶，如文山包种或冻顶乌龙，冲泡水温可在 90 ℃左右。重发酵乌龙茶冲泡时还应保持或提高水温，充分浸泡出茶叶中有效成分。

（6）黑茶因采用比较粗老的原料，所以在泡茶时要用沸水，才能将黑茶的茶味完全泡出。黑茶也可以煮饮。少数民族饮用的紧压茶，则要求水温更高，将砖茶敲碎熬煮清

1　屠幼英，胡振长 . 茶与养生 [M]. 杭州：浙江大学出版社，2017：152.

饮或加奶等调饮。

　　一般而言，各航空公司会根据实际情况配备不同茶饮，作为空乘服务人员或地勤服务人员，需要熟悉相关茶类的特性，以便选择正确的茶叶用量以及泡茶水温。对于客人自带茶品，需要在冲泡前询问客人的喜好和需求，以便提供更优质服务。总之，要提升服务质量，不是靠死记硬背相关茶知识而获得，而是要面对不同客人需求具体问题具体分析，最终达到泡好一壶茶的目的。

三、冲泡时间

　　冲泡时间即将茶叶泡到适当浓度后倒出开始饮用的时间，有些茶叶还需注意冲泡次数以及每次出汤的时间。

　　茶叶冲泡时间与茶叶的种类、投茶量、水温和饮茶习惯都有关系。不同的茶叶可由冲泡者根据饮品者口味的浓淡喜好，选择不同的冲泡时间。因此，关于冲泡时间并非有放之四海而皆准的统一砝码，本教程以大众饮茶者所积累的口味习惯为标准提供参考[1]：

　　（1）一般杯泡绿茶、红茶、黄茶、茉莉花茶，冲泡 2~3 min 饮用最佳，当茶汤为茶杯 1/3 时即可续水。红碎茶冲泡和工夫红茶不同，红碎茶滋味浓、强、鲜，3 g 干茶冲泡 150 mL 沸水，冲泡 5 min 后，根据个人口味添加奶、糖等调味品。

　　（2）乌龙茶用壶或盖碗泡，首先需要温润泡，然后第一、二、三、四泡依次浸泡茶叶约 60 s、75 s、100 s、135 s。

　　（3）普洱茶（熟茶）用壶泡时，视温润泡汤色的透明度可进行 1~3 次温润泡，然后冲泡，当茶汤呈葡萄酒色，即可分茶品饮。

　　（4）白茶在加工时未经揉捻，茶汁不易浸出，冲泡时间较长。一般冲泡 3 min 左右才出汤[2]。

　　一般而言，自第二泡起需逐渐增加冲泡时间，使得前后冲泡茶汤浓度较均匀，但每泡一次须将前一泡的茶水倒尽。

四、冲泡次数

　　茶叶冲泡次数，差异很大，与茶叶种类、茶叶用量、泡茶水温和饮茶习惯等都有关系。

1　屠幼英，乔德京. 茶学入门 [M]. 杭州：浙江大学出版社，2014.

2　濮元生，朱志萍. 茶艺实训教程 [M]. 北京：机械工业出版社，2018.

据测定，一般茶叶泡第一次时，其可溶性物质能浸出 50%~55%；泡第二次，能浸出 30% 左右；泡第三次，能浸出 10% 左右；泡第四次，则所剩无几了[1]。所以，大多数茶通常以冲泡 3 次为宜。

一般而言，绿茶、红茶、白茶、黄茶、花茶通常冲泡 3 次即可换茶，也可根据个人口味作调整。乌龙茶在冲泡时投叶量大，茶叶粗老，可冲泡 4~5 次，有些乌龙茶可冲泡 9~10 次。冲泡次数跟茶叶品质本身、投茶量多少以及每次冲泡时间长短有关。普洱茶冲泡次数一般由个人口味决定。

总之，上述提供的数据仅供参考，需要民航服务人员根据具体情况灵活地进行处理。在服务地面头等舱休息室客人、机上头等舱（公务舱）乘客甚至商务公务专包机乘客时，一定要熟悉乘客的喜好，包括其常用茶类、饮用习惯（如浓淡程度等），甚至熟知乘客自带的茶品、茶具。在服务经济舱乘客时，尤其是长距离的航班，要尽量满足乘客的需求，为乘客冲泡好一杯茶，也要注意及时为乘客更换茶叶，确保客人能喝到口感较好的茶汤，避免乘客从起飞至降落都在喝同一泡茶叶。

第二节 〉〉〉〉〉〉〉〉〉〉
泡茶用水的选择

"水为茶之母"。自古以来，历代茶人充分认识到泡茶之水的重要性，有很多是专门论述泡茶用水的。唐代张又新在《煎茶水记》中谈泡茶用水，宋代欧阳修《大明水记》、叶清臣《述煮茶泉品》、宋徽宗赵佶《大观茶论》中有关于水的论述，明代徐献忠《水品》、田艺蘅《煮泉小品》、张源《茶录》等，清代汤蠹仙的《泉谱》等，都提及水品鉴别及烹茶用水的讲究。

其中，宋徽宗赵佶在《大观茶论》中写道："水以清、轻、甘、冽为美。轻甘乃水之自然，独为难得。"[2] 后人在他提出的"清、轻、甘、冽"的基础上又增加了"活"字。现代人认为用"清、轻、甘、冽、活"俱全的水泡茶才称得上宜茶美水。水质要清，透明无沉淀物，

1 吴远之. 大学茶道教程 [M]. 2 版. 北京：知识产权出版社，2013.

2 赵佶，等. 大观茶论 [Z]. 日月洲，注. 北京：九州出版社，2018.

显出茶的本色；水体要轻，软水为好；水味要甘，"凡水泉不甘，能损茶味"；水要洁净；水源要活，"流水不腐"。

可见，水质能直接影响茶质，若泡茶水质不好，就不能很好地反映茶叶的色、香、味，尤其是对滋味的影响最大。杭州的"龙井茶，虎跑水"俗称杭州"双绝"。"扬子江心水，蒙山顶上茶"闻名遐迩。只有精茶与真水的融合，才是至高的享受，是最美的境界。

一、水质对泡茶效果的影响

泡茶用水必须符合国家有关饮水的卫生标准，还要有利于溶解茶叶的有益成分。水质以及水中利于溶解茶叶的有益成分的多少，是泡茶效果的关键。

根据水中所含钙、镁离子的多少，天然水可分为硬水和软水两种。含有比较多钙、镁离子的水称为硬水，含有少量或不含钙、镁离子的水称为软水。如果水的硬性是由含碳酸氢钙或碳酸氢镁引起的，这种水叫作暂时硬水。暂时硬水经过煮沸以后，水的硬性就可以去掉，成为软水。如果水的硬性是由含钙或镁的硫酸盐或氯化物引起的，这种水的硬性就不能用加热的方法去掉，这种水叫作永久硬水[1]。软水有雨水、露水、雪水等天落水，但大气污染日益严重，天落水也难得干净、纯洁，如酸雨。硬水比较普遍，如江水、河水、湖水、泉水、井水、溪水等。所以，人们日常生活普遍使用的沏茶用水还是硬水。

饮茶用水，软水为好。相比较而言，软水泡茶，茶汤清澈明亮，香气高爽馥郁，滋味醇正甘冽。但软水不可多得，日常泡茶还需依赖硬水。硬水的主要成分是碳酸氢钙和碳酸氢镁，一些硬水经高温煮沸就会立即分解，沉淀使硬水变软水，因此，根据科学证明和人们日常经验判断，正确使用硬水同样能泡一壶好茶。接下来，就为大家一一介绍泡茶用水。

二、泡茶用水的种类

《茶经》中就明确提出水质与茶汤优劣的密切关系，认为"山水上，江水中，井水下"。现代大量科学研究证实，常用泡茶水质为泉水、井水、矿泉水、纯净水、自来水。

1　屠幼英．茶与健康 [M]．西安：世界图书出版西安有限公司，2011．

（一）泉水

位于无污染山区的天然泉水，终日处于流动状态，经过地下深层砂石的自然过滤，有机物含量低，含有一定的微量元素，味道甘美，水质稳定度高，冲泡茶叶能保持茶叶的真香、原味，喝起来很可口，能使茶叶中的活性成分保持不变，最适合作为泡茶用水。

中国饮茶史上历来有"得佳茗不易，觅美泉尤难"的说法，可见佳茗必须有好水相配。从古至今，泡茶选水，"甘泉活水"，泉水最好。我国泉水资源极为丰富，比较著名的就有百余处之多。其中，镇江中冷泉、无锡惠山泉、苏州观音泉、杭州虎跑泉和济南趵突泉，号称"中国五大名泉"。鉴于此，目前不少家庭有趋之若鹜盲目寻求山泉水饮用的风气，须注意山泉水不宜放置太久，最好在其新鲜时即泡茶饮用。也不是所有的泉水都可用来沏茶，含硫黄矿的泉水是不能沏茶的，而且泉水也不可能随处可得。

为什么"龙井茶，虎跑水"被称为杭州"双绝"

虎跑泉被评为"天下第三泉"，位于西湖南大慈山定慧禅寺中，泉水从石英砂岩中流出，水质极为纯净。虎跑水的水分子密度高，表面张力大，若将泉水盛于碗中，即使水面涨出碗口沿 2~3 mm，也不外溢。清代丁立诚的《虎跑泉水试钱》诗中说："虎跑泉勺一盏平，投以百钱凸水晶。绝无点点复滴滴，在山泉清液玉凝。"

据地矿专家测定，虎跑泉水中含有三十多种微量元素。而虎跑泉四周又是著名的西湖龙井茶产地，同一方水土上，好泉好茶并列，为人所称道。[1]

（二）井水

井水属于地下水，悬浮物含量较少，透明度较高。与山泉水一样受到地层环境影响，一般深井较少受地面污染影响，水质比浅井的好，应取未曾发生污染事件的井水泡茶为宜。若能取得清洁的活水井的水沏茶，乃是一杯佳茗。《煎茶七类》说"井取多汲者，汲多则水活"，说的就是用活井水沏茶。

（三）矿泉水

矿泉水是采自地下深层流经岩石并经过一定处理的饮用水，含有一定的矿物质和多

1 田立平. 鉴茶品茶 210 问 [M]. 北京：中国农业出版社，2017.

种微量元素。矿泉水趋于天然，含矿物质较多，厚味，会提升陈香，但略微抑制香气，汤色易显深，适宜于普洱茶、红茶等重陈香的茶。

（四）纯净水

纯净水以江河湖水、自来水等为水源，利用现代科学技术将一般的饮用水变成不含任何杂质的纯净水。人工制造的纯净水水质纯度很高，由于净度好、透明度高，沏出的茶汤晶莹透彻，而且香气滋味纯正，无异杂味，鲜醇爽口。

（五）自来水

自来水是生活中最常见的水，自来水含氯，不适合直接用来泡茶，需经过处理才可用于泡茶。将自来水存于无盖的容器中静置一段时间除氯，再煮沸以降低水的硬度，但仍含有不少杂质，对茶汤口感略有影响。目前不少饮茶爱好者的做法是安装家用净水器进行过滤。

鉴于泡茶用水的讲究，结合目前日常生活中大众泡茶的习俗，在地面头等舱休息室或机上泡茶时，注意选择用纯净水或矿泉水为客人泡茶，如果在执行专包机任务时，在条件允许的情况下，甚至可以根据机上提供的茶品来准备能更好展现该款茶滋味的原产地水。

第三节 〉〉〉〉〉〉〉〉〉
茶具的选择

"器为茶之父。"古人为了获得更大的品饮乐趣，对茶具非常讲究。饮茶器具，是饮茶时不可缺少的一种盛器，具有实用性，有助于提高茶叶的色、香、味，还有助于我们更深刻地感受茶之韵味，增加品茶时的审美情趣和感官享受，让眼、口、心得到温馨的统一。

在中国古代，黄庭坚、徐霞客等人行走时，在繁重的背包里，一套喝茶的器具必不可少。乾隆皇帝一生六次下江南，走遍大地山川，走到哪里都备上一套精致的茶具。泉水溪畔，

举杯品茗，茶香袅袅，卸下一身疲惫，这终究是一种古老禅意生活的归位。如今，伴随都市化的快节奏，穿梭于国际航班、国内航班的乘客，人在旅途，舟车劳顿，来壶清茶，清心凝神。喜爱品茶的人，深知一套茶具的作用和影响。

茶具多种多样，造型千姿百态，纹饰百花齐放。不同的茶叶需要通过不同的茶具来体现其茶汤品质的好坏，反映茶汤的色泽、香气和滋味。因此，选对茶具对保证茶的品质尤为重要。本节主要针对机场地面头等舱休息室和机上茶艺服务，讲述茶具的选择。

一、茶具特性

选用茶具时，尽管人们的爱好多种多样，但从地面头等舱休息室和机上的条件和需求来考虑，主要体现四个方面：

（1）体现安全性。在地面头等舱休息室可以采用常用茶具，如玻璃器具等。但在飞机上，以安全为首要原则，考虑到乘客安全、飞行环境等因素，一般不选用易碎、传热快、易烫手的玻璃器具。

（2）要有实用性。材质健康，方便携带，便于置放（尤其在机上），包装讲究。

（3）要有欣赏价值。精致美观，设计颇具匠心，富含艺术性。

（4）要有利于茶性的发挥。能较好地保持茶叶的色、香、味、形之美，保留喝茶的优雅和质感。

二、常备茶具

机场地面头等舱休息室在时间充分的条件下可以采用常规专用的茶具，更利于保证茶叶的品质。而在机上，由于选择面较小，各航空公司会根据实际情况准备茶具，一般而言，提供相对专业的茶事服务主要是针对两舱客人。因此，这里主要讲述机上茶具的相关问题。

（一）主茶具

一般情况下，各大航空公司针对两舱的客人，有自己不同的器具选择。有些航空公司会在经济舱为客人进行茶艺表演，使用盖碗、紫砂壶、品茗杯，以及木质茶盘。如果仅给客人奉茶汤，公道杯或者代替公道杯的茶具是非常有必要的。

（二）辅助茶具

在辅助茶具中，茶巾不可缺少，无论是对两舱乘客的专项服务，还是在经济舱内的茶艺表演，茶巾都要准备。茶艺表演中还需要用到茶荷、茶匙以及随手泡等茶具。

三、注意事项

（一）因茶选配茶具

各航空公司根据不同航线、不同乘客，提供不同茶品。总体而言，除了传统六大类茶以外，提供较多的是茉莉花茶、各类养生茶等再加工茶类。因此，需要根据机上所供茶品以及客人所选茶品而选择茶具。一般而言，品饮花茶，可用盖碗、壶泡沏泡；饮用乌龙茶，宜选用紫砂壶茶具；品饮西湖龙井、君山银针等细嫩名优茶，可选用盖碗冲泡；等等。

（二）满足客人自身要求为先

酷爱喝茶的乘客一般都会随身携带茶和茶具，随着社会的发展，旅行茶具（图4-1，见彩插）的出现为更多茶客带来饮茶的便捷。当客人要求用自带茶具泡自带茶叶的时候，乘务员要熟知旅行茶具的功能，为乘客尽可能泡出一杯好茶。

旅行茶具

旅行茶具，又称"旅游茶具""便携式茶具"，是一种为快节奏、慢生活设计的茶具，方便旅行中携带的防震包装，收纳简单方便，不占空间，是一种质感、美感和体验感的结合。从旅途中的各种环境和需求考虑，茶具的体积重量、收纳方式、防摔抗震度、使用功能设计、外观设计等都是非常讲究的。一般来说，旅行茶具具备便携、易用、小巧、灵活、防摔、抗震、实用、美观的特点，尤其是携带方便，无论是机场地面、飞机客舱、旅行、户外、办公室等，都受到爱茶者的青睐。

针对机场地面头等舱休息室和飞机客舱的泡茶服务，由于受时间条件、飞行环境等因素的影响，旅行茶具能快速完成摆放、冲泡、收纳，非常适合地面、机上泡茶，也成为航空乘客钟爱的泡茶器具。概而言之，一是方便携带。简易轻便，品茶不分地点，可随时享用浓郁香茶。二是精致美观。旅行茶具制作美观，干净清新，精致小巧，功

能齐全，设计颇具匠心，在茶壶、壶盖、盖面等细节上均考虑到了人性化细节。三是包装讲究。收纳包防震抗摔，有效保护茶器。四是蕴含文化内涵。物随心转，境由心生，旅行茶具看之赏心悦目，用之如握乾坤大地，绘出深远意境，是一种文化与饮品的融合，更是一种品位的升华。

第四节 》》》》》》》》》》
茶叶的选择

全球性的文化交流，使茶文化传播到世界各地，同各国人民的生活方式、风土人情相结合，呈现五彩缤纷的饮茶习俗，选择茶叶的品种、喝茶的方法也是千差万别。本教程主要从航班航线、乘客需求、商品营销等方面的分析来选择茶叶，并针对乘客灵活选配茶叶。

一、根据航班航线选茶

各航空公司会在航班起飞前事先配备好相关茶品，尤其是长途航线。需要相关服务人员学习了解部分航线国家的饮茶习俗，并根据这些茶品作出正确选择（表4-3）。

表4-3 不同航线茶叶的选择[1]

航线	选茶特点	注意事项
欧美航线	整体而言，红茶居多，喜欢红碎茶以及速溶茶者居多。如：英国——喜欢喝红茶，需加牛奶、糖、柠檬片等。 荷兰——爱喝加了调味（牛奶、糖等）的红茶。 俄罗斯——偏爱红茶，且喜爱"甜"，在品茶时点心是必备的。 法国——与英国相似，在红茶中加入牛奶、砂糖或柠檬等，也喜爱绿茶，清饮和调饮兼有。 德国——主要饮用茶味浓厚的高档红茶，加入牛奶、糖等，也喜欢高级绿茶，饮法与中国相同。 美国——除红茶外，还较喜欢绿茶和乌龙茶，佐以糖、乳酪和柠檬，喜饮冰茶。 加拿大——以红茶为主，兼饮绿茶。	茶叶品种繁多，人们喜爱的茶也千差万别。茶艺服务人员在为不同航线的乘客服务时，应针对乘客需求灵活选配茶叶，并为需要添加调味品的乘客提供所需的调味品。在了解不同乘客喜好后，可加牛奶、糖或花果原料等调味品。

---

1 中国就业培训技术指导中心．茶艺师：基础知识 [M]．2版．北京：中国劳动社会保障出版社，2017.

航线	选茶特点	注意事项
大洋洲航线	澳大利亚人和新西兰人，好饮茶汤鲜艳、茶味浓厚的红碎茶，并可根据口味加糖、牛奶或柠檬调制。	同时尽可能满足乘客的广泛需求，如给俄罗斯乘客准备或推荐一些甜味茶食，给美国乘客准备冰以泡冰茶。另外，还要了解乘客的习惯和禁忌，如印度人拿食物、礼品或敬茶时用右手，不用左手或双手，服务人员在提供服务时要特别注意。
亚洲航线	六大基本茶类和再加工茶除中国皆有众多爱好者以外，其余地区都有各自喜好。如： 日本——主要饮绿茶，以抹茶和煎茶为主，兼饮红茶、乌龙茶、普洱茶、茉莉花茶等。 韩国——仍以绿茶为主，也有少量乌龙茶、红茶、普洱茶爱好者。 印度——喜欢浓味的加糖红茶，部分人有加牛奶、姜、小豆的习惯。 巴基斯坦——受英国的影响，爱饮用加奶和糖的红茶，少部分人则饮绿茶，并在茶汤中加入白砂糖。 东南亚地区——以绿茶、红茶、花茶为三大主流，爱加奶等调味品。近年来也热衷于普洱茶的收藏和品鉴。新加坡、马来西亚人喜欢饮乌龙茶，如大红袍、铁观音、水仙之类。 中东地区——红茶占主导地位，添加牛奶和糖成为标配。部分人喜欢绿茶。	
非洲航线	非洲地区以绿茶和红茶为主打茶类。 喝绿茶的代表国家——摩洛哥、毛里塔尼亚、阿尔及利亚、突尼斯、利比亚、尼日利亚、冈比亚、尼日尔、布基纳法索、多哥。其中很多国家饮茶时爱加大量的薄荷和糖。 喝红茶的代表国家——埃及，喜欢喝浓厚醇烈的红茶，习惯加糖，热饮。肯尼亚，受英国人影响，主要饮红碎茶，也有喝下午茶的习惯，冲泡红茶时爱加糖。	

茶的发音

中国是一个多民族国家，基于方言的原因，同样的"茶"字，在发音上也有差异。

茶叶的发祥地位于中国的云南省，但茶叶之路却是通过广东和福建这两个省传播到世界的。当时，广东一带的人把茶念为"cha"；而福建一带的人又把茶念为"te"。广东的"cha"经陆地传到东欧；而福建的"te"是经海路传到西欧的。

福州发音为 te；厦门、汕头发音为 de；长江流域及华北各地发音为 chai, zhou, cha 等；少数民族的发音差别较大，如傣族发音为 a，贵州苗族发音为 chu，a。

世界各国对茶的称谓，大多是由中国茶叶输出地区人民的语音直译过去的。如日语和印度语对茶的读音都与"茶"的原音很接近。俄语的"чaй"与我国北方茶叶的发音近似。英文的"tea"、法文的"he"、德文的"thee"、拉丁文的"hea"都是照我国广东、福建沿海地区的发音转译的。此外，如奥利亚语、印地语、乌尔都语等的茶字发音，也都是我国汉语茶字的音译。[1]

1　陈丽敏. 茶与茶文化 [M]. 重庆：重庆大学出版社，2012.

二、根据乘客需求选茶

（一）不同民族乘客的需求

世界民族众多，历史悠久，文化有别。饮茶是众多民族的共同爱好，无论哪个饮茶民族，都有各具特色的饮茶习俗。民航业应尽量根据不同民族的饮茶习俗为不同的乘客提供喜好的茶叶。如外国民族以调味红茶为主；中国汉族喜清饮各大类茶；蒙古族的奶茶、砖茶、盐巴茶、黑茶、咸茶；回族的盖碗茶、茯砖茶；满族的红茶、盖碗茶；南方客家的擂茶；白族的三道茶和雷响茶；藏族的酥油茶等。

每个民族都有自己独特的习俗，要绝对满足这些需求，在条件有限的狭窄机舱空间里是无法完成的。但为了提升服务质量，航空公司可以在相关航线配备相关茶类以满足乘客需求。例如，在始发地和目的地为云南的航线中，可以配备适量普洱茶，以备乘客之需。

（二）不同宗教信仰乘客的需求

茶与宗教的关系历来相当密切。最早将茶引入宗教的是道教。随后，饮茶也进入了佛教的修行中。

饮茶对佛教极其重要，很多寺庙都出现了种茶、制茶、饮茶的风尚。所谓"名山有名寺，名寺有名茶"。曾为乾隆皇帝钟爱的君山银针，产自湖南君山的白鹤寺。湖北远安的鹿苑茶，产于鹿苑寺。有些佛寺至今还生产名茶，如黄山松谷庵和云谷寺的黄山毛峰、江苏东山洞庭寺的碧螺春、杭州龙井寺的龙井茶、武夷山天心永乐禅寺的大红袍、四川蒙山智炬寺的蒙顶云雾等。很多寺庙中还设有茶院，佛教对中国的饮茶事业有着重要贡献。

穆斯林信仰伊斯兰教，常常以茶代酒、以茶养生、以茶会友、以茶联谊、以茶设宴，品茗喝茶能创造出和谐、安静、娴雅的氛围，这种风尚恰与伊斯兰教文化不谋而合。毛里塔尼亚人每天早晨祈祷完毕后就开始喝茶，他们喜欢喝绿茶，喝的是浓甜茶；摩洛哥人饮茶之风很盛；巴基斯坦人长期以来养成了以茶代酒、以茶消腻、以茶提神、以茶为乐的饮茶习俗，多数人爱好英式红茶，饮用时佐以糖、牛奶、柠檬片，伴以糕点。

基督教徒认为饮茶可以陶冶情操、维系家庭和睦，促进社会安定团结，是有益于社会的，故英国家庭式饮茶蔚然成风，饮茶成为亲情纽带，茶会成为英国家庭成员之间联络感情的最好方式。

因此，无论是在机场还是在空中机舱内的各类民航业服务人员，对不同宗教信仰乘客的餐饮服务都需格外关注，还要以茶为媒对宗教人士表示尊重，更好地为信奉不同宗教的乘客提供贴心、周到的服务。

三、根据市场产品营销选茶

茶业在中国有着千年的历史，西方对中国的了解最早就是从丝绸和茶叶开始的，丝绸之路除了给西方带去中国的丝绸，更让西方人了解到中国人的养身之道——饮茶。中国作为世界茶叶的第一生产、第一消费大国，茶叶与人们的生活息息相关。随着茶叶消费的国际化，茶叶销售范围覆盖全球，茶叶产品在地域上不断延伸，在产品类型上琳琅满目，对应的不同年龄阶层的消费也受益颇多。面对庞大的茶叶市场，在众多竞争激烈的营销市场环境中要不断创新经营模式。

目前，在航空市场营销中，航空公司针对不同的航线、不同地域的乘客进行商品销售，尤其是廉价航空、长距离飞行的航线，为乘客提供不同需求的商品销售，茶叶也可以是其中的销售产品之一。茶叶产品消费者是一个庞大而复杂的整体。航空公司可以根据乘客的消费心理、购买习惯、收入水平和地理位置等消费行为的差异性，满足不同消费者对茶叶产品的消费需求。同时，销售人员不仅要熟悉各类茶叶的品质特征和文化背景，根据客人的不同需求来推销茶叶，也要熟悉茶叶生产、流通、消费等过程，并具有较高的文化修养和艺术鉴赏能力。

总之，在对不同乘客服务的过程中，尽可能掌握乘客喜好、品饮习惯等，为乘客选配合适的茶叶，或为自带茶叶的乘客泡出一杯好茶，同时也需要相关服务人员对不同茶品积累知识，熟知不同茶叶的品质特征和文化背景，为乘客提供更优质的服务。

第五节 》》》》》》》》
地面头等舱休息室茶的冲泡方法

泡茶，是指用开水将成品茶内含的化学物质浸出到水中的过程，由此形成的技巧和艺术称为泡茶技艺。我国自古以来就十分讲究茶的冲泡技术，积累了丰富的经验。但要

民航茶艺服务教程

泡出一壶好茶并不容易，必须掌握一定的技艺和方法。

在地面头等舱休息室泡茶，和在日常地面的茶艺馆等经营场所泡茶程序和方法雷同，需要比在机上冲泡更全面更专业。

一、茶叶冲泡的一般程序

（1）赏茶：将茶荷或赏茶盘中的干茶供客人鉴赏其外形、色泽及香气。

（2）温具：用开水烫洗茶具，使之温润洁净。

（3）置茶：将待冲泡的茶叶置入壶、杯或盖碗。

（4）润茶：往壶、杯或盖碗中注入开水，倒掉第一道茶汤。部分茶需要润茶，如乌龙茶、黑茶，紧压黑茶根据实际情况可以润1~3次。

（5）冲泡：将温度适宜的开水高冲入壶，使茶叶在壶、杯或盖碗内翻滚、散开，以更充分地泡出茶味。

（6）分茶：将茶汤倒入茶杯。

（7）奉茶：双手持杯，有礼貌地奉给客人品饮。

（8）品饮：观汤色、闻茶香、品茶汤。

二、各类茶的冲泡方法

1. 绿茶冲泡

好的绿茶，叶形完整美观，色泽鲜亮，滋味鲜爽。绿茶中的针形茶、扁形茶，可选用透明玻璃杯来冲泡，以欣赏茶叶充分舒展的独特形态。绿茶以玻璃杯泡法为例进行冲泡示范。

（1）赏茶：将茶荷内的干茶供客人欣赏其外形、色泽及香气，根据需要，可简短介绍茶叶的品质特征和文化背景。

（2）温具：将玻璃杯呈"一"字或"弧"形排放，依次倾入1/3杯的开水，然后从一侧依次开始，右手捏住杯身，左手托杯底，轻轻旋转杯身，将杯中的开水倒入水盂。

（3）置茶[1]：用茶匙将茶荷中的茶叶拨入玻璃杯中待泡。一般绿茶茶水比为1：（50~60），通常1 g绿茶，注入50 mL开水，一只200 mL玻璃杯置入2~3 g的干茶，注

1　根据茶的老嫩程度不同，业界置茶也有下投法、中投法、上投法的区分。

入 100~150 mL 开水。

（4）温润泡：水温 75~85 ℃，注入 1/4 杯的开水，注意开水落在杯壁上，不要直接浇在茶叶上，以免烫坏茶叶。时间控制在 15 s 以内。

（5）冲泡：执开水壶以"凤凰三点头"注水，使杯中的茶叶翻滚，有助于茶叶内含物质浸出，茶汤浓度一致。一般水至杯中七分满为宜。

（6）奉茶：双手奉玻璃杯，放在方便客人拿取的位置。放好后，向客人伸出右手，做出"请"的手势，或说"请品茶"或"请用茶"。

（7）品饮：欣赏茶叶慢慢沉入水中，观茶汤颜色，轻闻茶香，细细品饮。

2. 红茶冲泡

红茶品饮，主要是清饮和调饮两种。清饮，即在茶汤中不加任何调料，使茶发挥固有的香气和滋味。调饮，即在茶汤中加入调料，以佐汤味。调饮泡法常见的是在红茶茶汤中加入糖、牛奶、柠檬、咖啡、蜂蜜或香槟酒等。中国内地大多数乘客都喜欢清饮泡法，追求茶的真实味，而调饮泡法非常适合国际航线和外国乘客。

红茶的冲泡，主要介绍盖碗泡法（清饮）和壶泡法（调饮）两种。

红茶盖碗泡法：

（1）赏茶：将盛放干茶的茶荷双手捧起，供宾客欣赏干茶外形及香气，根据需要，可简短介绍一下冲泡的茶叶。

（2）温具：将盖碗呈"一"或"品"字形排开，依次掀开杯盖斜靠在杯托上，注入少量热水，盖上杯盖，转动盖杯温烫杯身。洁具的同时达到温热茶具的目的。

（3）置茶：将干茶拨入盖碗。通常，一般红茶的茶水比为 1∶（50~60），一只 150 mL 盖碗投入 3 g 左右的干茶。

（4）冲泡：水温 90~95 ℃，高冲注入碗内壁，不要直接冲击茶叶，水至盖碗七分满为宜。冲水后盖上杯盖，使盖沿和碗沿之间有一空隙，避免将碗中的茶叶闷黄、泡熟。

（5）奉茶：双手持杯托奉茶，放在方便客人取用的位置，并伸手示意"请用茶"。

（6）品饮：静置 2~3 min 后，端盖碗，观汤色，闻茶香，品茶汤。

红茶壶泡法：

调饮红茶主要有牛奶红茶、柠檬冰红茶、蜂蜜红茶、白兰地红茶等。茶具为茶壶及与之相配的茶杯（茶杯多选用有柄带托的瓷杯）或透明直筒玻璃杯或矮脚的玻璃杯。

（1）赏茶：将茶荷内的干茶供宾客欣赏其外形、颜色及香气。

（2）温具：用开水注入壶中，持壶摇数下，再依次倒入杯中，以温洁茶具。

（3）置茶：用茶匙从茶荷中拨取适量茶叶入壶，根据壶的大小取投茶量。一般红茶的茶水比为 1 ：（50~60）。每 50~60 mL 开水需要投入 1 g 红茶。

（4）冲泡：水温 90 ℃左右，注水入壶。

（5）分茶：将茶滤放置于公道杯上，再将茶壶的茶汤注入公道杯，然后一一斟入客人杯中，加入牛奶、糖、柠檬、蜂蜜或少量白兰地等调味品。调味品用量的多少，可依每位宾客的口味而定。

（6）奉茶：双手持杯托，杯托上放一把小羹匙，礼貌地奉茶给宾客。

（7）品饮：品饮时，用羹匙调匀茶汤，进而闻香、尝味。

3. 青茶（乌龙茶）冲泡

在六大茶类中，青茶的冲泡用具尤为讲究，冲泡技艺精细，冲泡过程隆重，品饮方法别致。青茶独具茶韵，要掌握好水温、手法和时间，动作优雅，给品茗者以美的享受。乌龙茶以紫砂壶泡法[1]为例进行冲泡示范。

（1）赏茶：将茶荷内的干茶展示给宾客，欣赏茶叶外形、颜色及香气。

（2）温具：用开水壶向紫砂壶注入开水，提起壶在手中摇晃数下，依次倒入品茗杯中，称为"温壶烫盏"。

（3）置茶：用茶匙将茶荷内的干茶拨取适量茶叶入壶，称"乌龙入宫"。投 1 g 干茶需要注入 20~30 mL 开水，视壶大小取茶叶用量。

（4）温润泡：将开水高冲入壶，注满紫砂壶，用壶盖由外向内轻轻刮去茶汤表面的泡沫，盖上壶盖后，将茶水倒入水盂。温润泡可以使茶水清新纯洁，又可以使外形紧结的茶叶有一个舒展的过程，避免"一泡水，二泡茶"的现象。

（5）冲泡：用开水壶再次"高冲"，注满壶口，若有泡沫用壶盖刮沫，并盖上壶盖保香。

（6）淋壶：将开水淋在壶身上，避免紫砂壶内热气快速散尽，也可以清除黏附于壶外的茶沫。

（7）洗杯：用茶夹夹住品茗杯或用手指捏住品茗杯，摇晃数下，将烫杯水倒入水盂，其余品茗杯依次洗杯，呈"弧"形或"一"字形排放。潮汕工夫茶洗杯方式不同。

（8）斟茶：大约浸泡 1 min 后，把泡好的茶汤巡回注入茶杯，称"关公巡城"。将壶中剩余茶汁一滴一滴分别点入各茶杯中，称"韩信点兵"。这样斟茶可以使每杯中的

---

1 视频见"第三章 茶具的认识"中"第一节 茶具的分类"的拓展阅读"烹茶四宝"。

茶汤浓淡一致。杯中茶汤以七成满为宜。

（9）奉茶：将品茗杯放入茶托，双手奉到宾客面前，请宾客品饮。

（10）品饮：观汤色，闻茶香，品茶汤。

以上主要介绍了玻璃杯泡法、盖碗泡法和壶泡法，其他茶类的泡法可以灵活选择适宜的茶具，不同茶类的同种茶具冲泡方法相似，不同之处表现在投茶量、水温、冲泡时间和次数等。

4. 其他茶类冲泡

（1）黑茶以独特的风味和优异的品质享誉国内外，是我国特有的茶类。每种黑茶茶性各异，只有熟悉所泡茶叶的个性，掌握好水温、置茶方法、冲泡时间、冲泡手法，才能展现出茶叶的个性美。普洱茶是黑茶中较为普遍饮用的品种，经过长期存放，使茶中的茶多酚类物质在温湿条件下不断氧化，形成"陈香"是其特殊的品质风格。储存时间越长，其滋味和香气越加醇香，品质也越好。一般普洱茶可选用紫砂壶或盖碗冲泡，但对储存年限较长的普洱茶，建议用煮饮法。

（2）白茶的冲泡需掌握一定的技巧才能使冲泡出的茶汤鲜爽甘醇，浓香四溢。一般情况下，每克茶叶注入开水 20~25 mL，水温在 80~100 ℃。由于白茶加工时不炒不揉，茶汁不易浸出，所以泡茶时间较长。尤其是白毫银针，冲水后，芽叶都浮在水面，5~6 min 后才有部分茶芽沉入杯底，大约 10 min 后，茶汤呈黄色[1]。白茶的冲泡，可用玻璃杯、盖碗泡法。

（3）黄茶的冲泡过程非常注重观赏性，需要泡出一杯汤色金黄、色泽光亮、富于观赏性的黄茶。由于黄芽茶与名优绿茶相比，原料更为细嫩，因此，特别强调茶的冲泡技术和程序。黄茶的冲泡可用玻璃杯、盖碗泡法。

（4）花茶是很多乘客尤其是女性乘客喜爱的茶品。冲泡花茶与冲泡绿茶方法大体相同，需要注意的是，冲泡花茶时需加盖，以免香气挥发。可选用不易散发香气的盖碗冲泡。

---

1 田立平. 鉴茶品茶 210 问 [M]. 北京：中国农业出版社，2017.

第六节 》》》》》》》》》》
机上茶冲泡服务的差异化

机上茶叶冲泡的方法理论同地面相同。但因冲泡场所在机舱这一特殊空间以及因市场运行规则所致的客户分层，故机上茶事服务有差异化体现。

一、茶品准备的差异服务

由于机舱承载重量和空间有限，机供茶的品种自然无法满足所有乘客的要求。但是，无法满足不等于就此不满足，对不同类型乘客的服务工作要统筹兼顾，首先从茶品准备的差异化服务开始。

一般而言，经济舱乘客享用的茶品大多都是各航空公司整齐划一的配备，不需要机组人员特别费心准备，但不排除有自带茶品甚至茶具的经济舱客人，若该类客人有请乘务人员泡茶的需要，乘务人员要具备认识茶品茶具并泡好这款茶的能力。

对于两舱内有特殊茶品喜好的乘客，当日航班的机组人员会提前接到他们的乘机通知，无论客人是否有自带茶的习惯，都要提前做好相关茶品准备工作，如果机上暂无乘客喜好的茶品，机组人员可以在履行相关程序后在乘客乘机地临时购买，以提升高价值客户对航班的满意度。

为商务公务专包机乘客服务，更需要细致周到。一般此类任务会提前较长时间安排，在接到任务后，如果乘客有喝茶的特别嗜好，机组人员除了要竭尽所能准备乘客喜欢的茶品、优质泡茶用水以及茶点外，还要尽可能营造好机舱内的氛围。即使客人没有特别爱茶的喜好，如若随机要求乘务员泡某种茶类，乘务员也能信手拈来为乘客泡一杯口感较好的茶。

二、茶品冲泡的差异服务

因为机舱服务程序繁复且以安全为首，所以航空公司一般不会在经济舱选择需要太多润茶程序及要沸水才能冲泡出茶汤的茶。乘务员在经济舱冲泡服务过程中严把常用茶品的投茶量关、水温关、冲泡时间关、茶水比关即可，在服务时重点关注茶汁不要弄脏乘客衣物和烫伤乘客等细节，特别注意长距离航线需及时更换茶叶，避免茶汁淡而无味。

服务两舱乘客，一般也尽量用已经装好的袋装茶，不仅便于冲泡和事后清洗，也避免程序烦琐、茶具增多。除了依据客人的要求进行常规服务外，若遇乘客请乘务员推荐机上现有茶品时，乘务员能根据乘客的具体情况，快速合理地分析推荐。若遇需红茶加奶或柠檬汁的乘客，乘务员在服务时要特别注意为使茶汤口感更好，应将茶入奶或柠檬汁，而不是将奶或柠檬汁入茶，两种做法会带来不一样的口感，进而给乘客带来不一样的满意度。

对于专包机乘客，服务的精细化程度要求更高。在配备机组人员时，乘务组会安排冲泡技艺较好的乘务员。对这类乘客的服务，不仅要求服务态度好、服务意识强，同时也要求具备一定的文化知识储备、相当的泡茶水平和较高的审美能力，专包机的乘务员会接受比普通乘务员更为专业化和国际化的严苛训练，要求务必对六大茶类的冲泡技艺烂熟于心、对简易茶席的设置游刃有余。

需要特别指出的是，随着时代的发展，越来越多的航空公司和航线都会增设茶艺表演环节，如四川航空在很多航线都有茶艺表演。如果你所工作的航空公司需要乘务员为乘客进行茶艺表演，则要求较为专业、优雅并相对完整地展现整个泡茶流程（图4-2至图4-7，见彩插）。

综上所述，民航茶艺服务工作，绝不仅是一件看似简单的泡茶工作，考量的是乘务员内在文化、审美能力、服务水平、服务意识等的综合素质，服务的差异只是体现在茶品的提供和服务层次上，而不是体现在服务的用心程度和服务水平上。所以，比泡茶技术更重要的是用心服务。

以茶为媒，用心服务

某航司执行重庆—银川航线，8个公务舱座椅配置的空客320机型执飞。由于该航班航线时刻较晚，上座率偏低，公务舱出行乘客一般会出于时间特殊的原因或特别满意该航司的两舱服务，才会选择乘坐本次航班。

乘客登机之前乘务员已查询到两舱仅一位乘客，是该航司的金卡会员且里程累计较高，属于常乘客，一定会对航班服务要求高，乘务员在常规的服务流程上还需制订有特色的软性服务，才能让乘客感受到高端服务。乘务员在查询该乘客乘机喜好及禁

忌时发现：该乘客喜爱喝茶，习惯休息不愿过多被打扰。

夜航中，如何才能让乘客既能休息好又能感受到优质的服务，成了摆在乘务员面前的难题。登机过程中，乘务员第一时间识别该乘客并引导入座。在完成常规服务程序后，乘客面无表情地告知乘务员全程不需要服务、起飞后休息不需要叫醒，导致乘务员还未来得及在地面阶段送出为其特意准备好的茶，乘客已经进入休息状态。起飞后，该乘客醒来翻阅机上杂志，乘务员在进行打开阅读灯等细微服务时，特别询问乘客是否需要喝一杯普洱茶。见乘客立即有眼神交流，乘务员随即谈到因查询出他有喝茶喜好，专门为他准备了在普洱购买的玫瑰普洱，不仅香气芬芳，喝完茶还会使茶具残留淡雅玫瑰清香，并建议乘客可以搭配果仁尝试一下。

乘客被乘务员的用心服务感动，立马点头应允，喝完并露出满意的笑容。因为这一杯特别准备的茶，乘客由登机时的沉闷变得愉悦、轻松，并主动和乘务员聊天，从茶文化聊到航班服务和管理，两个小时的航程在轻松愉快中度过。乘客最后不仅写下表扬信，还和该乘务员成为好朋友。

【思考题】

1. 作为民航服务人员，应如何为乘客泡好一杯茶？

2. 在机场地面头等舱休息室，如何为乘客选配茶品、茶点？

3. 你认为如何为机上机舱乘客提供优质的茶艺服务？

【实训题】

1. 练习绿茶玻璃杯泡法茶艺表演，要求整套动作流畅自然、操作井然有序。

2. 练习乌龙茶壶泡法茶艺表演，要求整套动作流畅自然、操作井然有序。

3. 练习花茶盖碗泡法茶艺表演，要求整套动作流畅自然、操作井然有序。

第五章

茶席的设置服务

茶席设置是茶文化传播中的重要一环，是生活艺术和应用艺术的结合，茶席为茶文化的传播提供空间环境和审美感受，利用茶席设置提升服务质量是民航相关专业的学习目的。本章将通过对茶席的定义、设置步骤的介绍，使大家对茶席有初步和整体认识。同时，基于民航服务业的特殊性，茶席不能完全依据人们日常生活或经营场所要求来设置，会在阐释茶席共性的同时依据行业实际需求来分析特殊性，以达到服务的要求。

第一节 〉〉〉〉〉〉〉〉〉〉

茶席的定义

古代历史上虽然并无关于"茶席"一词的明确记载和定义，却有茶席发展的历史轨迹。目前为茶界较为认可的说法是，该文化显现的端倪始于唐代，唐代的诗僧与遁世山水间的隐士开始了对中国茶文化的悟道与升华，形成了以茶艺、茶道为特色的中国独有的文化符号。至宋代，茶席不仅被设置于自然之中，还把捉意于自然的艺术品设置在茶席上，并把插花（图5-1，见彩插）、焚香、挂画设置在茶席中，与点茶并称为"四艺"。到了明代，更是注重茶席的设置，如冯可宾在《茶笺·茶宜》一书中对品茶提出了十三宜，其中"精舍"指的就是茶席摆设。今天的茶席一词始自台湾地区的茶人。

后来，茶传播到世界各地，各国（地区）对茶席的认知也有所不同。例如，日本的茶席大致与茶屋意思相同，韩国的茶席指桌上摆放的各种茶果和点心，中国台湾地区认为茶席就是茶会。

关于茶席的定义众说纷纭，至今仍无被茶界统一认定的标准说法，比较常见的说法主要有以下几种：

（1）童启庆认为："茶席，是泡茶、喝茶的地方，包括泡茶的操作场所、客人的坐席以及所需气氛的环境布置。"[1]

（2）周文棠认为："茶席是沏茶、饮茶的场所，包括沏茶者的操作场所、茶道活动的必需空间、奉茶处所、宾客的坐席、修饰与雅化环境氛围的设计与布置等，是茶道中

1　童启庆. 影像中国茶道 [M]. 杭州：浙江摄影出版社，2002.

文人雅艺的重要内容之一。"[1]

（3）乔木森认为："以茶为灵魂，以茶具为主体，在特定的空间形态中，与其他的艺术形式相结合，所共同完成的一个有独立主题的茶道艺术组合整体。"[2]

（4）蔡荣章认为："茶席是为表现茶道之美或茶道精神而规划的一个场所。""茶席有狭义和广义之分，狭义的茶席单指从事泡茶、品饮或兼及奉茶而设的桌椅或地面。广义的茶席则在狭义的茶席之外包含茶席所在的房间，甚至还包含房间外面的庭园。"[3]

（5）静清和认为："茶席，是为品茗构建的一个人、茶、器、物、境的茶道美学空间，它以茶汤为灵魂，以茶具为主体，在特定的空间形态中，与其他的艺术形式相结合，共同构成的具有独立主题，并有所表达的艺术组合。"[4]

虽然茶席概念至今仍无统一标准，但本书采用广义说法进行讲解，综合上述定义，可以总结出茶席具备以下特征：①是泡茶饮茶的实用空间；②具有一定的艺术性；③具有一定的综合性；④具有一定的独立性；⑤茶是茶席中的绝对主体。

茶艺与茶道

茶艺是包括茶叶品评技法和艺术操作手段的鉴赏以及品茗美好环境的领略等整个品茶过程的美好意境，其过程体现形式和精神的相互统一，是饮茶活动过程中形成的文化现象。就形式而言，茶艺包括选茗、择水、烹茶技术、茶具艺术、环境的选择创造等一系列内容。就内容而言，茶艺包括茶叶的基本知识、茶艺的技艺、茶艺的礼仪、茶艺的规范、悟道。[5]

茶道是人类品茗活动的根本规律，是从回甘体验、茶事审美升华到生命体悟的必由之路。我国不仅是世界上最早发现和使用茶叶的国家，也是世界上最早提出"茶道"概念和创立茶道精神的国家。"茶道"一词最早见于唐代，皎然在诗中说："三饮便得道，何须苦心破烦恼。……孰知茶道全尔真，唯有丹丘得如此。"茶道是一种以茶为媒的生活礼仪，也是一种能给人们带来审美愉悦的品茗艺术，更是一种修身养性、感悟真谛的方式。[6]

---

1 周文棠. 茶道 [M]. 杭州：浙江大学出版社，2003.

2 乔木森. 茶席设计 [M]. 上海：上海文化出版社，2005.

3 丁以寿. 中华茶艺 [M]. 合肥：安徽教育出版社，2008.

4 静清和. 茶席窥美 [M]. 北京：九州出版社，2015.

5 张金霞，陈汉湘. 茶艺指导教程 [M]. 北京：清华大学出版社，2011.

6 吴远之. 大学茶道教程 [M].2 版. 北京：知识产权出版社，2013.

第二节 》》》》》》》》》

茶席的设置步骤

有水平的茶席对茶席设计者的要求很高，既要对茶有深刻认知，又要具备一定的艺术修养和情感表达能力，是对设计者才能的综合考核，需要通过多年的精心钻研才能习得。对于初学者而言，本节内容主要是以蔡荣章的茶席狭义定义为基准，首先了解茶席设置的大致步骤。

一、确定主题

设计一个新茶席或更新一个旧茶席，首先要选择一个明确的主题。主题的选择有很多方式，可根据所泡茶类来选择，可根据节气、节庆来选择，可根据历史上发生的有重大意义的事件来选择，可根据想表达的某种情感来选择，等等。比如，以禅修为主题，来反映人精进的自修状态和内省的精神体验；以朋友之情为主题，来表现君子之交淡如水的情怀……总之，要符合中国人以物寄情、托物言志的文化指向，要体现高雅的情趣，没有主题的茶席，不会有内涵的嵌入，就会缺乏灵魂和深度。

二、选择茶和茶具

茶席的设置要符合中国的传统哲学思想，体现自然和谐之美。在追求与茶席相关的各种元素协调统一之时，必须重点关注茶和茶具，茶是茶席的灵魂，茶具是茶席中的必备物品，是茶席风格的重要体现部分，茶和茶具的选择要与主题契合，茶具的材质风格也尽量统一协调。例如，春天时节想设计一款茶席来表达春天的美好，选择刚制作好的绿茶再合适不过。根据这个主题，在选择茶具的时候可以选用玻璃器具，以更好地展现绿茶的形与色。又比如，在飞四川航线时，可结合当地名茶及民俗采用盖碗作为相关茶的表演器具，在此基础上设计简易茶席。总之，茶席设置要充分彰显自然之美、和谐之美、意境之美。

三、完善茶席设计

在确定主题并选择好茶与器具后，要根据茶席需要，设置烘托整个茶席的其他元素，比如桌布、插花、挂画、焚香等，还要设置适合茶席的灯光、音乐，配置茶点等。这些元素如果运用得好，符合美学原则且有一定寓意，对一款茶席是有益补充；反之，则是破坏意境，画蛇添足（图 5-2—图 5-4，见彩插）。

茶席设计参考文案示例

一、所泡茶品

凤凰单丛。

二、茶席主题

【各美其美，美美与共】

只闻茶香，不争朝夕

用花暖心，暖在芬芳

传统大美，美在境界

各美其美，美美与共

三、茶席器皿

（1）宜兴朱泥紫砂壶；

（2）景德镇青花瓷茶杯；

（3）清光堂铁壶；

（4）大漆工艺花瓶、杯托、壶垫；

（5）传统宣纸席垫；

（6）紫砂雕塑。

四、茶席配乐

茶乐花香（巫娜）。

五、茶席立意

取传统工艺茶具混搭，根据空间环境及融合精神创作，各种优秀传统文化各展其美，展现多元的艺术文化。茶席以灵活自由的创作精神，传递着空间以及传统文化的艺术

美感，使人获得精神上的美感与共鸣。

　　插花艺术，通过线条、颜色、形态、质感和意境的表现，追求"天、地、人"的和谐统一。各美其美，美美与共，通过创作者的艺术感悟，体现了一种包容的情感。在繁杂的生活中，给人们的内心留一片净土，插一枝花、品一杯茶、听一首曲，在恬静优雅的环境中，感受幸福与美好！

（由翁姐学堂提供）

第三节 〉〉〉〉〉〉〉〉〉〉
机上简易茶席设置

　　在机场地面头等舱休息室进行茶席设置可依据上述步骤酌情进行。然而在飞机机舱内，茶席设置只能在参看上述步骤的同时遵照以下原则，简易进行。

一、确保安全

　　飞机机舱属于特殊空间，保证航班的飞行安全是空乘人员在服务过程中始终要牢记的首要使命，茶艺服务只为提升服务质量、缓解长途旅途劳顿，处于从属地位。机舱内严禁烟火，因此，焚香等环节必须省去，烧水也只能使用机舱内标配的烧水器，明火烧水器等茶具失去意义。

二、设计主题

　　无论是头等舱还是经济舱，只要有简易茶席设计需要的地方，一定要设计主题，不能只是简单的、千篇一律的操作流程。如果在经济舱进行茶艺表演，可依据航线设计主题，使茶艺表演更具意义。比如，同样是广州和厦门两地间的航线，从广州飞厦门，可进行武夷岩茶的表演，从厦门至广州可进行凤凰单丛的表演。细节的变化可以给乘客宾至如归的感觉，让常旅客不会审美疲劳。

三、器具从简

机舱空间无法像地面那样有足够的设置空间，且容易遭遇气流颠簸，因此器具选择切忌繁复，茶道组、水盂等茶具无须考虑。以经济舱茶艺表演为例，在确保安全的前提下，用餐车做茶桌，保证至少有主泡具（依据各航空公司选择的盖碗、壶、杯等）、泡茶的水壶、有一定盛水量的茶船、桌布、茶匙、茶荷、品茗杯、茶巾即可（图 5-5，见彩插）。

四、氛围营造

受制于客观条件，机舱内的茶席设置，艺术性要弱化很多，插花、挂画几乎不可能完成。目前，有茶艺表演的航空公司都因陋就简地完成，但条件有限不等于不可以提升，若是要进行茶艺表演的航班，可尽量选择与茶席主题相紧扣的桌布，或者定制一款有该航空公司 Logo 的桌布，茶具也尽量选择有该航空公司 Logo 的茶具，有助于传播公司文化。目前，有茶艺表演的航空公司在这方面的意识还相对较弱，桌布和茶具都不够用心。此外，还可充分利用机上电视荧屏做背景充当挂画功能，利用机上广播系统进行茶艺解说和背景音乐播放，使茶艺表演更富艺术性和欣赏性。

五、茶席位置选择

对于有茶艺表演服务的航空公司而言，简易茶席设置十分必要。商务公务专包机以及头等舱（公务舱）机舱内泡茶位置相对好把握，对于经济舱的泡茶位置选择则有讲究。为照顾全体乘客，一定要前后乘客兼顾，若是 200 人左右的单通道客机，乘务员可参考安全演示位置选择 3 人进行表演（头等舱 1 名，经济舱 2 名），若是双通道客机以此类推（图 5-6、图 5-7，见彩插）。

六、用心以情设置茶席

该原则对商务公务专包机乘务员而言尤为重要，专包机对乘务员的服务水平要求更高。不少专包机客人有饮茶喜好，在执行航班任务前，首先要熟悉客人喜好，若遇客人有嗜茶爱好，可根据其嗜好适当进行茶席设置，以增强客人对航班的亲近感和满意度。茶席设置可根据客人此行的目的或目的地或相关大事件等为基准，进行主题设计和茶类选择，在保证安全的前提下，适度增加茶席设置的艺术性。

需要注意的是，民航业的茶席设计工作，是以安全为工作前提，以服务为工作重点。对于民航茶艺服务而言，与地面日常茶馆服务还是有很大不同，落脚点在服务，不仅仅是能泡一杯滋味好的茶汤。

高价值客户

面对目前各大航空公司激烈的市场竞争，无论是窄体客机的公务舱旅客还是宽体客机的两舱旅客都被各航空公司视为高价值客户群体。航空公司往往会根据自己的产品配置和航线特点以及旅客数据等制订高于市场需求的服务标准，配置具有航空公司特色的服务产品，为两舱乘务员进行更专业和国际化的服务培训，以提升高价值客户对航班的满意度。其中，茶艺服务就是一项重要技能。服务好高价值客户，能为航空公司带来稳定的客源和树立良好口碑。

民航业的茶艺服务礼仪

古人讲"礼者敬人也"，礼仪是一种待人接物的行为规范，也是交往的艺术。民航业是一个非常注重礼仪的行业，高规格的服务礼仪是这个行业人员必备的素质和基本条件，除了要注重仪容、仪表、仪态和语言，也要注意茶艺服务时操作的规范以及服务中所体现出的文化修养。关于仪容仪表仪态，民航业已有较为严苛的训练，与茶艺服务礼仪大同小异，这里特别介绍一下茶艺服务与常规其他服务的不同之处。

一是"举案齐眉"奉茶礼仪（图5-8，见彩插）。在这个具有仪式感的礼仪中，要求泡茶人举杯齐眉，以腰为轴，躬身双手将茶献出，这样一来可表示对品茶人的尊敬，二来可表示对茶至清至洁品质的敬重。对于此种奉茶礼，在商务公务专包机内可以且应当执行，在地面头等舱休息室也应遵照执行，在一般的机上则要灵活处置，对宽体客机的两舱乘客可以照此奉茶，在窄体客机以及经济舱内由于空间限制较难实施，不必为之。

二是特殊情况处置礼仪。在茶艺服务过程中，如果遇到特殊情况，服务人员应主动、礼貌、热情、快速地为旅客处理问题。比如，茶水不小心打翻在地上、茶水沾到旅客身上等情况，服务人员应有经验、有责任心，能快速应急反应，高度协同配合，进行有效灵活的处置，会使用必备的应急设施和物品，随机应变，保证特殊情况处置有序，做得比旅客期望的还好。

【思考题】

1. 试用自己的语言总结茶席的广义和狭义概念。
2. 简述机上简易茶席设计的原则。

【实训题】

1. 自行拟订一个主题并设计一款茶席。
2. 任选一家航空公司，设计一款融入该公司元素的机上简易茶席。

第六章

茶艺服务中不同茶类的健康功效

2016 年 10 月 25 日，《"健康中国 2030"规划纲要》印发并实施，并作为今后 15 年推进健康中国的行动纲领。以此纲要为基准，民航业也需要加大在服务过程中对健康问题的重视程度。与此同时，随着国民经济收入的不断提高，百姓对自己的健康更为关注，养生习惯越发普及。因此，基于国家和民众对健康问题的双重重视，民航茶艺服务人员不仅需要掌握关于茶的基础知识，同时还需要掌握相关茶类的养生功效，以便针对客人的健康情况，提升服务品质。

茶叶中富含蛋白质、氨基酸、生物碱、维生素、矿物质、茶多酚、茶多糖、有机酸等化学成分。知名茶学专家屠幼英教授在《茶与健康》一书中，表明茶在对癌症的防治、糖尿病的防治、胃肠道疾病的防治、肝硬化疾病的防治、控制"三高"等方面有显著作用[1]。本章即从茶的健康功效出发，拓展民航茶艺服务技能。

第一节 》》》》》》》》》
茶有益健康的共性

一、茶多酚的抗氧化作用

科学研究表明，引发癌症、高血压、高血脂、炎症等疾病的罪魁祸首是人体中积累的自由基。而茶多酚具有较强的抗氧化、清除或减轻自由基损伤的功效。

茶多酚可清除包括超氧阴离子、单线态氧、过氧亚硝酸盐和次氯酸等多种自由基。自由基清除的能力呈剂量一效应关系。还原电位值低意味着供给氢或电子所需的能量较低，是一种化合物清除自由基的活力和抗氧化能力的重要体现因素。同时，茶多酚与金属离子 (如铁、铜) 发生螯合作用，形成非活性复物，能阻止此类具有氧化还原活性的金属离子发生催化反应，避免自由基生成，从而加强其抗氧化作用。这种金属螯合能力可以防止茶多酚在体外实验中抑制铜离子介导的低密度脂蛋白的氧化，以及抑制金属离子催化氧化反应的能力。[2]

1　屠幼英 . 茶与健康 [M]. 西安：世界图书出版西安有限公司，2011.
2　屠幼英，胡振长 . 茶与养生 [M]. 杭州：浙江大学出版社，2017：61.

因此，在地面头等舱休息室或机上提供茶水服务，总体而言是利于乘客健康的。

二、茶多酚的抗肿瘤作用

随着环境的污染和社会生存压力的剧增，癌症越来越高发和年轻化。癌症的发病机制相当复杂，受控于多种因素和多个基因，而这些基因发挥功能涉及许多酶、生长因子、转录因子和信号转导因子等。如何控制这些酶和因子的活性是防癌和抗癌的关键。

近年来，科学家们开始关注茶多酚在抗癌方面的作用，并取得较大成果。研究发现：茶多酚具有增加白细胞的显著作用。支气管肺癌、宫颈癌、咽癌、肝癌等患者在放化疗后白细胞减少，茶多酚则有助于患者放化疗后增加白细胞。

三、茶多酚对心脑血管疾病的作用

心脑血管疾病也是近年来困扰人们健康的一大顽疾，尤其是具有突发症状的风险存在。引发心脑血管疾病的主要危险因子是血浆纤维蛋白原，茶多酚具有降低纤维蛋白原的明显功效，可以溶解血栓，预防血栓的形成，防治冠心病、脑卒中、高血压等心脑血管疾病。

包括屠幼英教授研究团队在内的研究者们，在浙江大学医学院附属第一医院、浙江省中医院、杭州市第二人民医院、浙江省人民医院、杭州市第四人民医院对253例冠心病、高血压、糖尿病、肾病患者进行临床观察，发现服用茶多酚以后，利用茶多酚降低纤维蛋白原的总有效率为100%，治理效果明显。

基于上述茶对人类健康的有益之处，在地面头等舱休息室和机舱内加强茶水服务势在必行。比如高血压患者坐飞机通常需特别注意，如果登机前血压控制得不理想或准备工作做得不好，心脑血管意外的发生率就会增加。无论地服或空乘在接到此类两舱或VIP客人的信息后，在准备酒水服务时要帮助客人远离咖啡等不利于血压稳定的饮品，可提供茶水以缓解客人的紧张情绪。

四、茶对口腔疾病的防治功能

茶多酚与蛋白质和氨基酸结合后，使蛋白质沉淀而导致细菌死亡。因此，大量研究证明，用茶水漱口能防治口腔和咽部的炎症，对防治口腔疾病非常有利，主要体现在以下几个方面。

（一）有效防治口臭

甲硫醇是引起口臭的主要成分，茶多酚具有抑制甲硫醇产生的独特去臭功效。民航服务人员自身在服务客人之前，可以适当饮用茶水，以保持口气清新。

（二）预防龋齿

龋齿是一种涉及膳食、营养、微生物侵染以及人体反应等多种因素的常见性疾病。它的病因是细菌，尤其是变形链球菌。龋齿的形成首先是变形链球菌黏附在牙齿表面，在牙齿上形成牙斑再形成蛀牙。由于茶中含氟，以茶水漱口，尤其是儿童饭后以茶水漱口，有助于预防龋齿。

（三）促进口腔溃疡愈合

前面讲过茶多酚有抗氧化的功能，可以消除体内的自由基，能增强口腔黏膜抵抗力，有效抑制溃疡上面细菌的繁殖，加速溃疡面愈合。所以，当得知客人有口腔溃疡等症状后，在提供酒水服务时，可以建议客人饮用茶水。

五、茶有助于预防部分流行性疾病

屠幼英教授在《茶与健康》一书中明确指出："在 SARS 流行期间，有许多通过喝茶来预防 SARS 感染的例子，说明茶内有能够抵抗 SARS 病毒的成分。"并说明 3CL 蛋白酶被认为是 SARS-CoV 在宿主细胞内复制的关键，通过实验发现 TF3 是 3CL 蛋白酶抑制剂，表明茶叶中的茶黄素 TF3 是有助于预防 SARS 的。此外，本书还讲解了红茶有助于预防流感以及艾滋病。[1]

在 2020 年春流行的肆虐全国甚至全世界的冠状病毒疫情中，亦有美国医学博士宣传茶是清除自由基的较好食品的观点，可以通过多饮茶以降低感染此病毒的风险[2]。面对这些流行性较强的疾病，民航业服务人员不仅要帮助客人做好防范工作，自身也要加强安全防范，在可能的时间和场合多饮茶以增强抵抗力。只有做好自身防护，才能更好地服务客人。

---

1 屠幼英. 茶与健康 [M]. 西安：世界图书出版西安有限公司，2011.
2 观点参见公众号"地中海膳食文化"之《美国华裔专家揭秘绝大多数医生都不知道的新冠病毒肺炎机理及自救措施》。

实验证明：茶能有效预防儿童患龋齿

一份对 1 820 名长期饮茶者的调查结果显示，这些人的龋齿率较不饮茶者要低 15%。另观察 300 名学龄儿童饭后饮茶对龋齿率的影响，每位儿童每天饭后饮 100 mL 茶汤（茶水比为 1∶100），连续一年，结果发现饭后饮茶的儿童患龋齿者比不饮茶者平均减少 57.2%。北京口腔医院曾让 400 名学龄儿童每天饮用 2 次茶水，每次 300 mL（所用成茶的氟含量为 400 mg/kg，茶水比为 1∶1 200），观察结果显示，连续饮茶水 200 天以上的儿童患龋齿者比不饮茶者要低 10%。原浙江医科大学曾在浙江松阳县古市镇小学生中进行用茶水漱口对龋齿发生率影响的实验，结果显示，用茶水漱口的儿童患龋齿的要比不用茶水漱口的少 80%。原浙江医科大学 1984 年将含氟量 1 000 mg/kg 的茶叶煎汁加入牙膏中对 988 名小学生进行临床试验，用加单氟磷酸钠的牙膏作为对照，实验连续进行 3 年。结果单氟磷酸钠组的龋齿患者减少 43.8%，茶叶煎汁组减少 91.0%。我国安徽、湖南等省曾分别对 2 000 余名小学生进行饮茶防龋的实验，每天饮茶一杯可使龋齿率下降 40%~51%。斯里兰卡报道通过饮茶每天每人可摄入 1.32 mg 氟，在用茶水漱口后有 34% 左右的氟残留在口腔中。氟防龋的机制是，通过饮茶摄入的氟使得釉质中可溶性矿物质去矿质化和溶解度较低的结晶重新矿质化，从而增强了釉质对酸的抵抗力。此外，氟可以置换牙齿中的羟磷灰石中的羟基，使其变为氟磷灰石，后者对酸的侵蚀有较强的抵抗力，能增强釉质的坚固度。此外，氟对变形链球菌也具有较强的杀菌活力。[1]

第二节 》》》》》》》》
茶有益健康的个性

茶既具有对人类健康有益的共通作用，又兼具各种茶类对人类健康的独特作用。共性之处，乘客大多略知一二；个性之处，乘客未必都知晓。同时，任何事物都是利弊相生的，不当饮用不仅对健康无益，反而会适得其反。所以，作为民航业一线服务工作者，

1　屠幼英. 茶与健康 [M]. 西安：世界图书出版西安有限公司，2011.

掌握这些独特个性恰好是提升服务品质的重要途径之所在。

一、绿茶

绿茶属于不发酵茶，富含多酚类物质、氨基酸、维生素等活性成分，抗氧化、抗衰老、降血压、降脂减肥、抗突变、防癌、抗菌消炎的功效较强。如果飞行途中遇到血压较高或者因炎症等导致身体不适的乘客，可在征得乘客同意后为其奉上一杯绿茶。同时，绿茶性寒凉，也是清热、消暑、降温的凉性饮品，在酷暑的季节，机场地面头等舱休息室和机上均可以将绿茶作为主打茶类。绿茶性寒的特征，亦适合推荐给有抽烟喝酒习惯以及易上火的人群。

但绿茶并不适合所有人群，因绿茶性寒凉，若虚寒及血弱者久饮之，则脾胃更寒，元气倍损，故绿茶不适合胃弱者和寒性体质人群饮用。若两舱乘客和 VIP 客人有相关不适特征信息登记，当客人要求饮茶时，不要提供绿茶或以绿茶为基础的再加工茶类。

二、乌龙茶

乌龙茶属半发酵茶，其内含的各种物质含量适中，滋味醇厚、香气浓郁、口齿留香。此茶不寒不热，能消除体内的余热，恢复津液，适合秋季品饮。乌龙茶除了在抗癌抗突变、降血糖血脂血压等方面有作用外，还具有以下特殊功效。

（一）抗过敏作用

实验表明乌龙茶具有抗过敏作用，如果发现乘客有可见的明显过敏症状，要帮助乘客远离过敏源。在进行酒水服务的时候，除了建议客人饮用白开水外，还可以为客人提供乌龙茶水，短暂的食用不会立即减轻客人的症状，但能防止客人身体在乘机期间恶化。

（二）具有美容护肤功效

乌龙的美容功效主要表现在调节皮脂含量平衡、保持皮肤水分、抑制黑色素美白皮肤三个方面。

面对比较讲究的女性乘客，当她没有特别的酒水服务需求的时候，服务场所在可提供茶品有限的情况下，不妨为其泡上一杯乌龙茶，并和乘客进行乌龙茶相关养生知识的交流，这会让乘客有如沐春风的体验。

（三）具有减肥的功效

流行病学研究发现，饮用乌龙茶可以增加能量消耗，达到日常所谓的减肥作用。沈阳药科大学曾做过一项人群干预实验，102 名因饮食导致肥胖的人持续 6 周每天饮用 8 g 乌龙茶，最后体重均有 1~3 kg 的下降，而且女性效果优于男性。

在进行民航茶艺服务的时候，当较为肥胖的客人没有特别选择时，服务人员可以巧妙推荐乌龙茶。

三、黑茶

黑茶是后发酵茶，后发酵所需要的渥堆工艺，使其有别于其余五大类茶而独具特性。渥堆过程以微生物的活动为中心，茶叶中的各类物质在湿热环境和微生物的作用下产生复杂的氧化和水解反应，形成了黑茶特色鲜明的茶味和品性。

黑茶对人的健康也十分有益处，除了茶的抗氧化防癌等共性特征以及和乌龙茶一样有降脂减肥作用之外，黑茶还有调节肠胃的特别之处。

黑茶由于经过了微生物发酵，所含的生理活性物质也随之发生变化，微生物代谢产生的大量有机酸，有助于提高人体的代谢功能。实验表明，经过微生物发酵的紧压茶中有机酸的含量明显高于非发酵绿茶。紧压黑茶的酵母发酵液较一般绿茶有更好的乳酸杆菌激活作用。所以，饮用黑茶可以加速人体胰蛋白酶和胰淀粉酶对蛋白质及淀粉的消化吸收，并且通过肠道有益菌群的调节进而改善人体肠胃的功能。

可见，客人乘机时如有肠胃不舒服的情况，可以替客人泡一杯黑茶稍作缓解。

四、白茶

白茶属轻微发酵茶，因其加工程序仅萎凋和干燥两步，故其组成成分在六大茶类中改变最小，也因此享誉海内外。它的独特性主要体现在三个方面。

（一）具有独特的杀菌和消炎功效

白茶的盛产地是福建，在福建民间有用白茶涂抹伤口、压疮和治疗小儿因荨麻疹导致发热的习惯。从科学角度来讲，白茶能使细菌蛋白质凝固从而消灭病原菌，有很强的抑制细菌活性的作用。

（二）能延缓皮肤衰老和护肤美容

皮肤是机体的表层组织，皮肤缺水会引起皮肤干燥和形成皱纹，皮肤细胞的氧化可导致皮肤色素沉着。近年来科学家发现白茶有防止皮肤细胞老化和氧化的作用，能有效抑制黄褐斑、雀斑、老年斑的形成，具有抗氧化的能力。

（三）具有消除疲劳、提神醒脑的功效

白茶特殊的制作工艺让茶的内含物质改变较小，科学研究证明，白茶中的咖啡碱含量高于绿茶。咖啡碱能起到提神消疲的作用，有助于集中注意力、增强记忆力。在长途飞行过程中，遇到需要处理工作的客人困乏时，可以为客人准备一杯白茶。同时，由于乘务员还肩负服务驾驶机组以保障驾驶安全的职责，因此长途飞行中也可以在适当的时候为飞行员或疲乏的自己泡一杯白茶。

五、红茶

红茶是世界范围内流行度较高的一类茶，也是民航业为乘客普遍提供的茶，它的特殊功效主要表现在以下几个方面。

（一）有助于预防帕金森病

帕金森病是一种常见的神经功能障碍疾病，主要表现为患者肌肉僵硬、肢体平衡性差、头手嘴不由自主地颤动，迄今为止无任何根治良方。新加坡国立大学杨潞龄医学院和新加坡国立脑神经医学院的研究人员对 6.3 万名 45~74 岁的新加坡居民进行调查，结果发现，每个月喝 23 杯以上红茶的人患帕金森的概率比普通人低 71%。[1]

（二）有利于骨骼健康

美英等国的实验证明：红茶中的多酚类有抑制破坏骨细胞物质的活力，有持续喝红茶习惯的人比不喝茶的人有更高的骨质密度。因为红茶饮用的普遍性，飞国际航线，尤其是在服务外国客人时，客人对红茶的需求量会比其他茶类大。因此，熟练掌握红茶冲泡技艺，充分尊重不同航线乘客品饮红茶的习惯，对乘务员尤其是飞国际航线的乘务员而言，十分必要。

1　姚国坤，陈佩芳. 饮茶健身全典 [M]. 上海：上海文化出版社，1995.

六、其他茶类

其他茶类主要是指再加工茶类。在味觉、视觉上有别于普通茶类，因此也受不少航空公司青睐，成为机供品。再加工茶与基本茶类除了味觉、视觉的差异，也有各自特殊的功效。如茉莉花茶，是茉莉花和茶叶经过窨制而成，将茶香与花香融为一体，该茶能疏肝解郁、理气调经，尤其在调节肠道功能上有良好效果。

当然，任何事物都是利弊相生。一切事物不遵照其自身规律，都会起反作用。茶也如此，不恰当地饮茶，不仅对身体无益反而有害。因此，民航业在茶品选择上的考究是对乘客健康的负责。

不宜喝茶的人群

神经衰弱患者不要在临睡前饮茶。因为神经衰弱者的主要症状是失眠，茶叶含有的咖啡因具有兴奋作用，临睡前喝茶有碍入眠。

脾胃虚寒者不要饮浓茶，尤其是绿茶。因为绿茶性偏寒，并且浓茶中茶多酚、咖啡碱含量都较高，对肠胃的刺激较强，这些对脾胃虚寒者均不利。

缺铁性贫血患者不宜饮茶。因为茶叶中的茶多酚很容易与食物中的铁发生反应，使铁变成不利于被人体吸收的状态。

活动性胃溃疡、十二指肠溃疡患者不宜饮茶，尤其不要空腹饮茶。原因是茶叶中的生物碱能抑制磷酸二酯酶的活力，其结果是使胃壁细胞分泌胃酸增加，胃酸一多就会影响溃疡面的愈合，加重病情，并产生疼痛等症状。

习惯性便秘患者也不宜多饮茶，因为茶叶中的多酚类物质具有收敛性，能减轻肠蠕动，这可能加剧便秘。

处于经期、孕期、产期的妇女最好少饮茶或只饮淡茶。茶叶中的茶多酚与铁离子会发生络合反应，使铁离子失去活性，易患贫血症。

发热时不宜饮茶。茶叶中含有茶碱、咖啡因，具有兴奋中枢神经、增强血液循环及促进心跳加快的作用，发烧时饮茶会使体温升高，加重病情。

醉酒慎饮茶。醉酒饮浓茶摄入大量的咖啡因会加重心脏负担。可倒掉一、二泡茶汤，减少咖啡因摄入，保证茶多酚的摄入，茶多酚具有护肝、清除自由基的作用。[1]

---

1 屠幼英.茶与健康[M].西安：世界图书出版西安有限公司，2011.

第三节 〉〉〉〉〉〉〉

基于乘客健康角度的茶艺服务原则

根据前面的内容，可以归纳出：民航业除了需要根据航线和乘客自身喜好配备茶叶以外，还要基于乘客健康角度进行相关服务。现将民航业从健康角度进行茶艺服务的原则总结如下。

一、根据时令进行茶艺服务

一般而言，四季饮茶各有不同，灵活为乘客选配适合的茶叶。

（1）春饮花茶。不仅解渴，对强身健体、防病、治病也大有裨益。

（2）夏饮绿茶、白茶、黄茶。在炎热干旱的夏季，宜饮绿茶、白茶或黄茶，因为绿茶、白茶和黄茶性凉、味苦寒，可以清热、消暑、解毒、止渴。

（3）秋饮青茶（乌龙茶）。秋季天气干燥，此茶不寒不热，有助消化，能消除体内的余热，恢复津液。

（4）冬饮红茶、普洱茶。在气候寒冷的地区，应该选择红茶、花茶、普洱茶，并尽量热饮。这些性温的茶，加上热饮，可以祛寒暖身、宣肺解郁，有利于排解体内寒湿之气。

根据时令选择茶品进行茶艺服务，会让乘客觉得很温暖，也符合当下国民关注健康的大势，以提升航空公司的个性化服务和增值服务。

二、根据乘客健康状况进行茶艺服务

一般而言，民航业相关服务人员要了解当天头等舱（公务舱）乘客的情况，即清楚时间、人数、特殊要求等。了解这些乘客的饮茶习惯，可以根据其喜好茶叶品种、口味浓淡等选配适宜的茶叶、茶具等。

另外，当头等舱（公务舱）乘客从值机那刻起，相关地服人员就应了解和掌握客人

实时情况，可提前将所备茶品、茶食、茶具摆放好，做好泡茶的准备事宜，并在客人准备登机前告知航班上的工作人员，以做好机上服务的相应准备工作。如果遇到客人生病吃药，建议客人不要喝茶；遇到客人有孕在身，可以为其倒杯白开水；恰遇客人身体有炎症，可以泡杯绿茶或白茶缓解症状……总之，茶艺服务不要盲目、死板，一定要具体问题具体分析。

特色茶饮飞云端，万里高空暖人心

面对激烈的市场竞争，航空公司除了在"硬件"上吸引客源之外，更在"软件"上下功夫。某航空公司先后推出餐后应季特色茶饮、茶艺表演等增值服务，得到广大乘客的点赞。

以该航司某次执行成都—北京航线任务为例，包括28座公务舱在内的空客A350宽体客机，全舱331座满座。在发放欢迎饮料（当月为"碧潭飘雪"茉莉花茶和薄荷柠檬水）的时候，公务舱好几位乘客主动询问能否提供一杯养生红枣茶，乘务员立马拿出在旅客登机前就备好的养生红枣茶为乘客冲泡，让乘客倍感旅途愉快！遇到不知选择什么饮料的乘客，该航班乘务员会主动为男性乘客介绍当月特色茶"碧潭飘雪"，为女性乘客介绍养生红枣茶。

恰遇该航班上一位女性乘客上机后捂住肚子，脸色苍白，乘务员判断其身体有不适，立马上前关心，在得知是生理期反应后立即送上养生红枣茶，乘客不仅症状得到些许缓解，更是非常感动，并表示日后要多选择该航空公司。

随着自媒体时代的进入，在各大媒体网站上都有乘客自发宣传该航司的特色茶饮，以致桂花乌龙茶、养生红枣茶、茉莉花茶都成了机上乘客的点名体验项目。航空公司推出的特色茶饮服务，不仅留住了乘客的胃，也留住了大批的忠实粉丝以及白金卡客人。

【思考题】

1. 为什么民航业一线服务人员要关注茶与乘客健康的问题？

2. 找一款适合或不适合自己的茶，并谈谈为什么？

3. 请列举哪些情况下乘务员不能给客人提供茶水服务？

4. 发热时不宜喝茶，但有一类茶特别适合治疗某种特殊情况导致的发热，请予以说明。

第七章

民航常用茶艺服务英语

随着中国社会的稳定、经济的繁荣和国际地位的提升，中国与世界各国交流更加频繁，国际友人入境数量逐渐攀升。与此同时，中国传统文化也在不断传播之中，对国际友人而言，茶文化是其感兴趣的重要内容之一。因此，代表中国形象的我国各大航空公司为了更好地树立国际形象、提升服务品质，在机场地面头等舱休息室和机舱内的日常服务工作中，除了掌握必要的基本可交流的英语知识外，还需掌握与茶相关的专业英语知识。本章针对日常服务工作中的常用英语专业术语进行介绍。

第一节 〉〉〉〉〉〉〉〉〉
茶的介绍

前面已介绍茶按照发酵程度不同，分为绿茶、红茶、青茶、黑茶、白茶、黄茶六大类。但依据国际贸易惯例，按发酵程度分为四类：不发酵、部分发酵、全发酵、后发酵。

一、分类标准

发酵（fermentation）。

不发酵（Non-fermented）如：绿茶。

部分发酵（Partially-fermented）如：黄茶、白茶、乌龙茶。

全发酵（Completely-fermented）如：红茶。

后发酵（Post-fermented）如：普洱茶。

二、六大类茶英语表达

绿茶 Green tea。

红茶 Black tea。

青茶 Oolong tea（乌龙茶）。

黑茶 Dark tea。

白茶 White tea。

黄茶 Yellow tea。

三、常用句型 [1]

本部分以外国乘客认知度较高的绿茶、红茶、青茶和黑茶这四类茶为例进行常用句型讲解，黑茶又以知名度较高的普洱茶为例。此外，还附带讲解再加工茶类花茶。

（一）绿茶　Green Tea

（1）Chinese tea can be divided into six main categories. Among them, green tea has the longest history and ranks first in varieties and consumption.

我国的茶叶主要分为六大茶类，绿茶是历史最悠久、品种最多、消费量最大的一个茶类。

（2）Green tea is a non-fermented tea with qualities often known as "one tender and three green". "One tender" refers to tender tea leaves, and "three green" refers to the green tea leaves, the green tea liquid, and the green tea dregs.

绿茶是没有经过发酵的茶，它的品质特点是"一嫩三绿"。即采的茶青嫩，外形绿、汤水绿、叶底绿。

（3）Longjing Tea is the most famous green tea, which was first produced in the Ming Dynasty.

龙井茶是绿茶中最著名的历史名茶，创制于明代。

（4）Originally produced in Hangzhou, Longjing Tea is now produced in the large tea-producing area in Zhejiang Province.

龙井茶原产于杭州，现在产于浙江省的广大茶区。

（5）Longjing Tea has four unique qualities—its green color, excellent aroma, mellow taste and beautiful shape of the leaf. It is the tribute tea in the Qing Dynasty.

龙井茶具有"色绿、香郁、味醇、形美"四大特点，是清代的贡茶。

（6）Duyun Maojian is also a kind of famous green tea with long history, which was originally produced in Duyun Mountain, Guizhou Province.

都匀毛尖也是著名的历史名茶，原产于贵州都匀。

1　参考林治，李晶鸥. 茶艺英语 [M]. 北京：世界图书出版公司，2009.

（7）There are also many other kinds of famous green tea in China, such as Green Spiral tea, Huangshan Maofeng Tea, Liu'an Guapian Tea, Anji White Tea, Taiping Houkui Tea, Wuzi Xianhao Tea, and Fenggang Cuiya Tea.

碧螺春、黄山毛峰、六安瓜片、安吉白茶、太平猴魁、午子仙毫、凤冈翠芽等都是绿茶中的名茶。

（8）Selenium-rich and zinc-rich organic tea from Fenggang, Guizhou Province is best known for its health benefits.

富锌富硒有机茶是贵州省凤冈县特有的保健名茶。

（9）China ranks the top one green tea output and exportation country in the world.

我国是世界上绿茶产量和出口量最大的国家。

（二）红茶　Black Tea

（1）Black tea is the complete fermented tea. Originated in China.

红茶属于全发酵的茶，我国是红茶的创制国。

（2）Black tea is bright red in color, mellow in taste and has good compatibility.

红茶色泽红艳、滋味醇厚、兼容性好。

（3）Black tea can be drunk alone, and also can be mixed with milk, sugar, flavored fruit juice or alcohol to be served as appetizing romantic beverage.

红茶既适合清饮，也适合加入牛奶、方糖、果汁或者酒，调制成美味可口的浪漫饮料。

（4）It is believed that China's Keemun Black Tea, India's Darjeeling Tea, and Sri Lanka's Uva Tea are the world's three major high-flavor black tea.

我国的祁门红茶和印度大吉岭红茶、斯里兰卡乌瓦红茶并列为世界三大高香型红茶。

（5）Grown in Qimen County of Anhui Province, Keemun Black Tea was first produced in the Qing Dynasty in the year of 1876.

祁门红茶主产于安徽省祁门县，始创于清朝1876年。

（6）Keemun Black Tea has the rich aroma, which smells like honey combined with the fragrance of orchid. That is the world famous Keemun aroma.

祁门红茶的香气浓郁，似蜜糖香，又带有兰花香，国际上称之为"祁门香"。

（7）Lapsang Souchong tea, Yunnan black tea, Guangdong Yingde black tea, and Nanchuan broken black tea are the famous black teas in China.

正山小种红茶、滇红、广东英德红茶、南川红碎茶都是我国著名的红茶品种。

（8）Grown in Wuyi Mountain, Fujian Province, Lapsang Souchong tea is the ancestor of World Black Tea.

正山小种红茶产于福建省武夷山，是世界红茶的始祖。

（9）Reputed as "Queen of tea", Lapsang Souchong tea is the British Royal Family's favorite tea.

正山小种红茶被誉为"茶中皇后"，深得英国王室珍爱。

（10）First grown in China, black tea has the greatest consumption in the world now.

红茶原产于我国，目前是世界上消费量最大的一种茶类。

（三）乌龙茶　Oolong Tea

（1）Oolong tea is Partially-fermented tea.

乌龙茶是半发酵茶类。

（2）Oolong tea is mainly grown in Fujian，Guangdong and Taiwan Province.

乌龙茶主产于我国的福建、广东和台湾省。

（3）Oolong tea has big varieties, main types include Dahongpao Tea, Tieguanyin Tea, Fenghuang Dancong Tea, and Taiwan High Mountain Tea.

乌龙茶的品种很多，主要有大红袍、铁观音、凤凰单丛和台湾高山茶。

（4）Dahongpao tea, also known as the "King of Tea", grown in Wuyi Mountain, Fujian Province.

大红袍是"中国茶王"，产于福建武夷山。

（5）Tieguanyin tea is the famous Oolong tea, which is grown in Anxi, Fujian Province.

铁观音是知名度很高的乌龙茶，产于福建安溪。

（6）Grown in Guangdong Province, Fenghuang Dancong Tea possesses the largest varieties of fragrance.

凤凰单丛是香型最丰富的茶类，产于广东省。

（7）Taiwan Oolong tea is well-known for its high quality. Usually we serve Taiwan High Mountain Oolong tea in our flight.

台湾乌龙的品质也很好，我们机上有台湾高山乌龙。

（8）What is special about Oolong tea is the rich fragrance, mellow taste and resistance brewing.

乌龙茶的特点是香高、味醇、耐冲泡。

（9）This is the Oriental Beauty, which has the fresh red color liquor and rich fragrance. You will like it.

这是东方美人，汤色艳红、香气馥郁，你一定会喜欢。

（10）We have various kinds of high-quality Oolong tea for you to choose.

我们有很多不同风格的优质乌龙茶可供您选择。

（四）普洱茶　Pu'er Tea

（1）Pu'er Tea is post-fermented tea.

普洱茶属于后发酵茶。

（2）According to the different nature of tea, Pu'er tea can be divided into raw Pu'er and cooked Pu'er.

按茶性不同，普洱茶可分为生普洱和熟普洱两类。

（3）Raw Pu'er, which is made of the tender leaves of the broad-leaf tea tree in Yunnan province, is the green tea dried in the sun.

普洱生茶是用云南大叶种茶树的嫩叶为原料加工成的晒青茶。

（4）Cooked Pu'er is fermented with the useful microorganisms in the humid and hot condition.

普洱熟茶是在有益微生物和湿热条件的共同作用下经过后发酵的茶类。

（5）According to the different shapes, Pu'er tea can be divided into two groups as loose-leaf Pu'er and tight-pressed Pu'er.

按照商品形态，普洱茶可分为散茶和紧压茶两类。

（6）Tight-pressed Pu'er mainly includes the cake Pu'er, the brick Pu'er, Pu'er Tuocha and Pu'er Jingua.

普洱紧压茶主要有圆饼型、砖型、沱型、金瓜型等。

（7）In the Qing Dynasty, Pu'er was one kind of the tribute teas.

在清代，普洱茶是贡茶中的一种。

（8）Pu'er is a kind of modern teas in the contemporary era.

普洱茶是当代时尚的茶类。

（9）Pu'er tea has effectiveness in reducing body weight and blood fat.

普洱茶有明显的减肥和降血脂的功效。

（五）花茶　Scented Tea

（1）Jasmine Tea has a strong and rich fragrance, and Rose Black Tea has the sweet aroma, both of which are very popular in our flight.

茉莉花茶香气馥郁、玫瑰红茶香甜可口，两款茶在我们航班上都非常受欢迎。

（2）The fashionable herb-flower tea is quite suitable for the modern urban women.

花草花果茶非常适于都市时尚女性饮用。

（3）This is the scented Tea.When you pour hot water into the glass, the flower will come into bloom in it.

这是花茶，放在玻璃杯中冲泡，鲜花会在玻璃杯中绽开。

第二节
茶具的介绍

为方便同学们更快捷掌握茶艺服务英语，根据前面对茶具的分类介绍，本节按茶艺冲泡要求对茶具进行分类，同时，根据民航业服务性质，把随着时代发展而出现的茶具列入其他类别。

一、烧水器皿　Water Heating Devices

随手泡　Instant Electrical Kettle

炭炉　Charcoal Stove

电磁炉　Induction Cooker

二、冲泡器皿　Teacups and Teapots

紫砂壶　Boccaro Teapot

瓷茶壶　Porcelain Teapot

玻璃杯　Glass

盖碗　Covered Teacup/Bowl

三、品饮器皿　Various Tea-wares for Drinking and Tasting

闻香杯　Sniff-Cup/Fragrance-Smelling Cup

品茗杯　Tea-Sipping Cup

瓷茶杯　Porcelain Teacup

四、承载器皿　Tea Containers and Vessels

公道杯　Fair Mug/Gongdao Mug

茶叶罐　Tea Canister

水盂　Tea Basin

茶盘 / 茶船 / 茶海　Tea Tray/Tea Board/ChaHai

茶荷　Tea Holder

奉茶盘　Tea Serving Tray

五、辅助器皿　Supplementary Utensils for Tea Ceremony

过滤网　Filter

茶道组　Tea Ceremony Group

茶漏　Tea Strainer

茶夹　Tea Tongs

茶筒　Tea Caddy

茶则　Tea Spoon

茶匙　Tea Stick

茶针　Tea Pin

六、其他

飘逸杯　　"Piaoi" Tea Cup

旅行茶具　Travel Tea Set

七、情景模拟

（一）介绍盖碗（图 7-1，见彩插）

A：What's this?

B：It's a covered teacup.

A：Where is it produced?

B：It's produced in Jingdezhen, Jiangxi Province.

A：这是什么？

B：这是盖碗。

A：它的产地是哪里？

B：江西景德镇。

（二）介绍旅行茶具

A：What's this?

B：It's a travel tea set.

C：What advantages does the travel tea set have?

D：It is very convenient to use, especially outdoors.

A：这是什么？

B：是旅行茶具。

A：它有什么好用之处？

B：旅行茶具非常方便，尤其是在户外。

第三节 》》》》》》》》
茶水服务介绍

一、点茶

（一）常用句型

（1）This is the tea menu of today, please take a look at it.

这是今天的茶水单，请过目。

（2）We serve green tea, black tea, Pu'er tea and scented tea, what would you like to have?

此次航班提供绿茶、红茶、普洱茶和花茶，请问您需要什么茶？

（3）Tea contains multivitamin which is good for health, you can have a try.

茶富含对人体有益的多种维生素，您可以尝试一下。

（4）Both Longjing tea and Dahongpao tea are characteristic teas on this flight, which one do you prefer?

龙井茶和大红袍都是我们机上的特色茶，请问您需要哪一种？

（5）May I know what kind of flavor do you like?

谢谢您的信任，但我不敢确定您喜欢哪种口味？

（二）情景模拟

1. 地面头等舱休息室模拟服务

A：Madam, can you introduce the most characteristic tea in your VIP room for me, please?

B：Sure, we have West lake Longjing, Dongting Biluochun, Anji White Tea, Tieguanyin

Tea, Keemun Black Tea, Pu'er Tea, which are all good teas.

A：I want to have a taste of white tea.

B：Well, but Anji White Tea is a kind of green tea, Would you like some?

A：Ok, please give us three cups of Anji White Tea.

B：Sure, please wait a moment.

A：女士，您能为我介绍一下你们贵宾室最有特色的茶吗？

B：当然可以，我们有很多好茶，比如西湖龙井、碧螺春、安吉白茶、铁观音、祁门红茶、普洱茶。

A：我想来杯白茶。

B：但是安吉白茶是绿茶，您还需要吗？

A：好的，那帮我们泡三杯安吉白茶吧。

B：嗯，请稍等。

2. 机上模拟服务（图 7-2，见彩插）

A：Excuse me, madam. Here is the tea menu, what do you prefer to have?

B：I'm nonprofessional on tasting tea. Do you have any good suggestions?

A：There are many kinds of tea on this flight, may I know which flavor do you like?

B：I like sweet taste.

A：I suggest you to have a cup of black tea.

B：Ok, thanks.

A：You are welcome, please wait a moment.

A：女士，打扰一下，这是茶水单，请问您喝什么茶？

B：我对品茶不专业，你有什么好建议吗？

A：机上有许多茶品，请问您平时口感偏什么味道？

B：我喜欢甜味。

A：那我建议您来一杯红茶吧。

B：好的，谢谢。

A：不客气，请稍等。

二、冲泡

（一）常用句型

（1）Please appreciate the dry tea first.

请您先鉴赏干茶。

（2）Please observe the color, shape, size and appearance of the tea leaf.

请观察茶的色泽、外形、整碎度及匀净度。

（3）The quantity of tea to be placed should be appropriate. Normally, for each cup of green tea is 3-5 g of tea leaf. For each pot of Oolong or Pu'er tea, it's better to take 7-10 g.

投茶量需适当。绿茶每杯需投 3~5 克，乌龙茶、普洱茶每壶需投 7~10 克。

（4）Before making tea, the tea sets should be washed by boiled water in order to raise their temperature.

在冲泡茶叶以前，需要先温杯洁具。

（5）For making Duyun maojian tea, it should be used 80-85 degree water.

冲泡都匀毛尖需要使用 80~85 ℃的水。

（二）情景模拟

1.投茶量模拟

A：Could you tell me the appropriate quantity of the tea leaf needed for a cup of tea?

B：It depends on different tea.

A：Could you tell me the quantity about Longjing Tea?

B： It is about 3 to 5 g.

A：您能告诉我一杯茶合适的投茶量吗？

B：不同的茶叶有所不同。

A：您能介绍一下龙井茶吗？

B：大约 3~5 克。

2.冲泡动作模拟

A：Madam, your gesture is so beautiful and elegant, is there a name to call it?

B：It is called "Three-noddings of phoenix".

A：Is there any significant meanings in it ?

B：Yes.The gesture is just to show that we are paying respect to the guests.

A： 女士，您的动作很漂亮优雅，它有什么称谓吗？

B：它叫"凤凰三点头"（图7-3，见彩插）。

A：有什么特别意义吗？

B：当然有，代表向客人点头致敬。

三、奉茶

（一）常用句型

（1）Sir, here is your tea.

先生，这是您的茶。

（2）Be careful, it's hot.

请当心，茶很烫。

（3）Madam, please enjoy it.

女士，请慢用。

（4）Excuse me, would you like some milk or sugar with your tea ?

请问，需要加点奶或糖吗？

（5）Is it too strong in taste?

是否太浓？

（二）情景模拟

1. 向男士奉茶模拟

A：Excuse me, the plane is a little bumpy now, please wait a moment.

B：Ok.

A：Sir. Sorry to keep your waiting, here is your tea.

B：Thank you.

A：You are welcome.

A：抱歉，飞机有一点颠簸，请稍等。

B：好的，没问题。

A：先生，不好意思让您久等了，这是您的茶。

B：谢谢。

A：不客气。

2. 向女士奉茶模拟（图7-4，见彩插）

A：Madam, here is your tea. Be careful, it's hot.

B：Thanks.

A：If you want more milk, please press the call button.

B： Oh, it's yammy, thank you.

A：女士，这是您的茶，茶水烫请小心。

B：谢谢。

A：如果您还需要加奶，请按呼叫铃。

B：嗯，太美味了，谢谢。

【思考题】

1. 请叙述六大茶类的英文表达。
2. 请用英文介绍各类茶具。

【实训题】

两名同学任选一款茶进行机上服务场景模拟。

主要参考文献

［1］姚国坤，陈佩芳.饮茶健身全典［M］.上海：上海文化出版社，1995.

［2］童启庆.影像中国茶道［M］.杭州：浙江摄影出版社，2002.

［3］周文棠.茶道［M］.杭州：浙江大学出版社，2003.

［4］吴自牧.梦粱录［Z］.西安：三秦出版社，2004.

［5］乔木森.茶席设计［M］.上海：上海文化出版社，2005.

［6］饶雪梅，李俊.茶艺服务实训教程［M］.北京：科学出版社，2008.

［7］丁以寿.中华茶艺［M］.合肥：安徽教育出版社，2008.

［8］伯仲.中国瓷器分类图典［M］.北京：化学工业出版社，2008.

［9］陈椽.茶业通史[M].北京：中国农业出版社，2008.

［10］林治，李晶鸥.茶艺英语［M］.北京：世界图书出版公司，2009.

［11］屠幼英.茶与健康［M］.西安：世界图书出版西安有限公司，2011.

［12］张金霞，陈汉湘.茶艺指导教程［M］.北京：清华大学出版社，2011.

［13］陈丽敏.茶与茶文化［M］.重庆：重庆大学出版社，2012.

［14］吴远之.大学茶道教程［M］.2版.北京：知识产权出版社，2013.

［15］屠幼英，乔德京.茶学入门［M］.杭州：浙江大学出版社，2014.

［16］陆羽.茶经全集［Z］.陆廷灿，辑.北京：线装书局，2014.

［17］佚名.世界红茶香　香启桐木关［N］.闽北日报，2014-10-11.

［18］静清和.茶席窥美［M］.北京：九州出版社，2015.

［19］张凌云.中华茶文化［M］.北京：中国轻工业出版社，2016.

［20］张大复.梅花草堂笔谈［Z］.李子謇，点校.杭州：浙江人民美术出版社，2016.

［21］田立平.鉴茶品茶210问［M］.北京：中国农业出版社，2017.

［22］中国就业培训技术指导中心.茶艺师：中级［M］.北京：中国劳动社会保障出版社，
　　　2017.

［23］中国就业培训技术指导中心.茶艺师：基础知识［M］.2版.北京：中国劳动社会保
　　　障出版社，2017.

［24］屠幼英，胡振长．茶与养生［M］．杭州：浙江大学出版社，2017.

［25］刘馨秋，王思明．清代茶外销对欧洲茶产业的影响［J］．四川旅游学院学报,2017（4）.

［26］濮元生，朱志萍．茶艺实训教程［M］．北京：机械工业出版社，2018.

［27］中国就业培训技术指导中心．茶艺师：高级［M］．北京：中国劳动社会保障出版社，2018.

［28］赵佶，等．大观茶论［Z］．日月洲，注．北京：九州出版社，2018.

［29］冷杨，尚怀国，施小云，等．2018年我国茶叶进出口情况简析［J］．中国茶叶，2019（4）.